青少年
情绪心理学

乐庆辉 ◎ 著

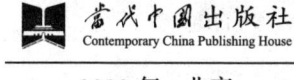

2019年·北京

图书在版编目(CIP)数据

青少年情绪心理学 / 乐庆辉著 . -- 北京：当代中国出版社，2019.9
ISBN 978-7-5154-0932-0

Ⅰ.①青… Ⅱ.①乐… Ⅲ.①青少年心理学 Ⅳ.① B844.2

中国版本图书馆 CIP 数据核字（2019）第 108153 号

出 版 人	曹宏举
策划编辑	陈　莎
策划支持	华夏智库·张　杰
责任编辑	陈　莎
责任校对	康　莹
出版统筹	周海霞
封面设计	尚世视觉
出版发行	当代中国出版社
地　　址	北京市地安门西大街旌勇里 8 号
网　　址	http://www.ddzg.net　邮箱：ddzgcbs@sina.com
邮政编码	100009
编辑部	（010）66572264　66572154　66572132　66572180
市场部	（010）66572281　66572161　66572157　83221785
印　　刷	三河市长城印刷有限公司
开　　本	710 毫米 ×1000 毫米　1/16
印　　张	16.5 印张　248 千字
版　　次	2019 年 9 月第 1 版
印　　次	2019 年 9 月第 1 次印刷
定　　价	48.00 元

版权所有，翻版必究；如有印装质量问题，请拨打（010）66572159 转出版部。

序　言

　　一个人的思维模式，决定了他的行为模式和心智模式，而打乱这些模式的就是"情绪"。强者与弱者最大的区别是：前者是行为控制情绪，后者是情绪控制行为。那么，情绪是由什么产生的呢？因人？因事？还是因物？是"禀性难移"还是"后天形成"的呢？古人早就说过："人之初，性本善；性相近，习相远。"其实，人的情绪是日渐形成的，也就是我们生活中常说的"脾气好"或"脾气坏"。我们常说："拥有良好的习惯，人生便成功了一半。"而良好的习惯，正是从小开始养成的。按中华传统文化定义的顺序是："春夏养阳，秋冬养阴""胎阴养虚、幼年养性、少年养志、青年养智、中年养德、老年养福"，由此可以看出，青少年时期对情绪的"把握"或"调制"决定了人一生的成败。

　　卫生部曾公布一项调查数据，数据显示，自杀在中国人死亡原因中居第5位，在15—35岁的青壮年中，自杀列死因首位。在全球，自杀是导致15—19岁青少年死亡的五大原因之一。大学生自杀事件频发，在引人扼腕的同时让人深思，应该如何预防自杀事件的发生？带着这个问题，我思考了将近10年，收集了大量的数据信息。在排除家庭互动模式障碍、父母精神健康状况欠佳或患有精神类疾病、有暴力倾向的家庭和暴力侵犯或性侵犯、家族自杀史、家庭时常搬迁导致的漂泊不定这五种情况外，引起自杀的原因集中表现在情绪极度地不稳定。人，都希望追求快乐，逃避痛苦。当这种极度的不安、恐惧和不自信无法驾驭的时候，人往往就会选择逃避，甚至自杀。试想，一个孩子从十月怀胎到牙牙学语、蹒跚学步，一把屎一把尿好不容易被拉扯长大了，却因为一次考试失利、职称评比、情场失意等人生必须经历的人、事、物而选择逃避和自杀，这是何其令人痛惜的事情。于小，是一个家庭的损失；于大，可能是一个单位的损失甚至国家的损失。

我认为预防青少年自杀,大大降低自杀率需要做好以下三点。

1. 培养青少年的社会责任感

要对青少年进行正确的人生观教育,告诉青少年为什么要活着以及活着与自身的关系,加强青少年的社会责任感。

2. 帮助青少年提高心理素质

主要加强对青少年的健康心理教育,注意培养青少年独立生活的能力,提升青少年的承受能力以及适应能力。父母和学校老师,应当多提供或创造一些让青少年解决困难的条件,或者有目的地开展挫折训练。

3. 要善于疏导青少年的情绪

自杀行为往往也是青少年自身情绪的一种表达。青少年的问题往往折射出家庭的问题。所以,家长更要从自身做起,多与青少年沟通。当青少年有不满情绪时,应让他们发泄出来。多倾听青少年的内心感受,有助于发现问题之所在。同时,家长也要学会正确表达自己情绪的方法。

用王阳明先生的"四句教"来说:"无善无恶心之体,有善有恶意之动,知善知恶是良知,为善去恶是格物。"我认为人生最"恶"的就是时常为"情绪"所左右,一切都以自己的"喜好"为主导,这种"恶习"若不去除,亦将危害终生。"少年强,则国强。"青少年教育不仅仅局限于家庭的教育和学校的教育,更重要的还是全社会的教育。为了我们祖国的未来,一起来关心青少年身心的成长吧!让我们一起维护良好的社会风气、自然环境和公共秩序,让孩子们沐浴在健康的阳光、空气中,永葆正能量。

是为序。

2018 年 9 月 1 日

于武夷山 兴贤书院

乐庆辉

目 录

第一章 认知情绪,才能有效控制和驾驭情绪 / 1

认知情绪,了解情绪的运作方式 / 2

接纳情绪,而非隔离情绪 / 4

了解情绪的发展变化 / 6

正确表达自己的情绪和需求 / 8

通过行为控制情绪 / 10

绘制情绪树,有效控制情绪 / 12

第二章 厌学情绪,已经成为学校教育和家庭教育的大患 / 15

孩子为何会产生厌学情绪 / 16

过高的期望,导致孩子自暴自弃 / 19

高压政策下的应激反应 / 22

乖孩子也会产生厌学心理 / 26

成为社交达人,处处受人欢迎 / 29

第三章 拒绝胆怯与害羞,勇敢的孩子才能一往无前 / 33

面对校园霸凌,决不忍气吞声 / 34

声音响亮,为自己鼓劲 / 36

面对陌生人,也能从容搭讪 / 39

不当胆小鬼,从容应对人生危机 / 42

过度害羞是心理的病态 / 45

受到同学排挤时,要知难而上 / 48

第四章 愤怒如同火焰，在每个孩子的心中熊熊燃烧并将毁灭一切 / 51

孩子为何总是大发脾气 / 52

找到引起自身愤怒的导火索 / 55

巧用愤怒，让其发挥积极作用 / 58

找到最佳的方式处理愤怒 / 61

从原生家庭的愤怒模式中挣脱 / 64

即使愤怒，也要对自己的行为负责 / 67

第五章 焦虑的情绪如同一场流感，让每一个人都深受困扰 / 71

认清楚自身的焦虑模式 / 72

不要过度追求完美 / 75

你所担忧的事情十有八九不会发生 / 78

适度运动，赶走焦虑的情绪 / 81

合理规划时间，让一切秩序井然 / 83

为自己的思虑按下暂停键 / 86

超然物外，摆脱他人的问题 / 88

第六章 抑郁的情绪就像阴云，始终笼罩在孩子的心头 / 91

孩子也会患上抑郁症 / 92

家庭环境是孩子心态健康的根本保障 / 95

多晒太阳让孩子"发霉"的心情变得温暖 / 99

学会放下父母的烦心事 / 102

压力太大，抑郁如影随形 / 105

适度自尊，不被敏感伤害 / 108

适度锻炼，抵御抑郁的侵袭 / 111

第七章 恐惧就像无法摆脱的噩梦，让孩子无法诉说、苦不堪言 / 115

孩子为何常常感到恐惧 / 116

分离焦虑并不局限于幼儿 / 119

为何害怕陌生人 / 122

怕黑和噩梦之间的关系 / 125

开学恐惧症让孩子面对开学如临大敌 / 129

有些美食能够改善情绪 / 132

求助家人一起解决问题 / 135

第八章 自卑如同人生中绵延的雨，清除自卑孩子才能阳光灿烂 / 139

自卑不是天性 / 140

过度自尊者过于敏感自卑 / 143

孩子为何总是爱说"不" / 146

不把自己家的孩子与其他孩子比较 / 149

身体发肤受之父母，不因外貌而自卑 / 152

穷养孩子一定对吗 / 155

第九章 人生不如意事十之八九，唯有宣泄才能保证情绪的畅通 / 159

不给自己贴上情绪标签 / 160

学会共情，宽容和理解他人 / 163

愤怒来袭，合理宣泄情绪 / 166

积极沟通，架设心与心的桥梁 / 169

转移注意力，让忧郁的心情消散 / 172

第十章 要心动不要行动，让早恋成为孩子心中的蓝莲花 / 175

早恋真的是苦果吗 / 176

暗恋的感觉就像怀揣小鹿 / 180

对异性一视同仁，让心情波澜不惊 / 183

区分友情与爱情 / 186

师生恋是危险的爱情旋涡 / 189

第十一章　六月的天孩子的脸，是谁让孩子成为"京剧脸谱" / 193

　　每个人都是情绪动物，孩子也不例外 / 194

　　青少年正处于青春叛逆期，更容易冲动 / 198

　　青少年，就是要成为自己 / 202

　　别被外号伤了自尊 / 205

　　把握玩笑分寸，不要伤人自尊 / 208

第十二章　发展积极情绪，让孩子的人生阳光璀璨 / 211

　　敏感觉察他人态度，建立友好交往 / 212

　　被拒绝也没关系，要锲而不舍 / 215

　　在交往中正确表达自己的看法 / 218

　　善于语言沟通，让行为变得更加从容 / 221

　　适度幽默，应对别人的嘲笑 / 224

　　融入环境，从惧怕陌生人变成社交达人 / 227

第十三章　避开情绪陷阱，快乐成长，不与任何人较劲 / 231

　　不固执，从善如流才能顺其自然 / 232

　　世界是你心中折射的样子，看谁都应顺眼 / 235

　　死要面子活受罪，伤害的只能是自己 / 238

　　不抱怨，让人生云淡风轻 / 241

　　事事不能都顺心如意，依然要快乐接受 / 244

　　悦纳自己，才能让人生水到渠成 / 246

　　宽容的心，让这个世界变得更加可爱 / 249

后记 / 252

第一章
认知情绪，才能有效控制和驾驭情绪

现代社会，情商被提升到前所未有的高度，甚至很多人还把情商与孩子们的未来发展联系起来。随着对情商的深入认知，人们也开始关注情绪，因为情绪是情商的主体，是与人相依相伴、相生相随的。尤其是对于成长中的孩子而言，要想健康快乐地成长，就要认知情绪，这样才能有效地控制和驾驭情绪。

认知情绪，了解情绪的运作方式

人是情感动物。每天，人们都会产生各种各样的情绪，也可以说情绪活动伴随人生中的每一分每一秒，即使是在睡梦中，情绪依然发生。有的人不但白日里情绪激动，晚上，他们也会从梦中笑醒、哭醒甚至急醒，这意味着情绪能够伴人入梦，如影随形。然而，大多数人对于情绪的理解还不够深刻，他们只是粗浅地认知情绪，却不能透过现象看本质，也无法洞察情绪复杂多变的特性。作为父母，在陪伴和引导孩子成长的过程中，如果可以更加深入地了解情绪，有的放矢地控制情绪，帮助孩子主宰情绪，则有助于孩子发展情商。

情绪到底是什么呢？在普通人的理解中，喜怒哀乐是情绪，实际上从心理学的范畴而言，情绪的覆盖面很广，是一系列主观认知经验的综合，既包括生理状态，也包括心理状态，这与人们通常以为的情绪只关系到心理状态存在偏差。情绪囊括很多，既包括各种各样的感觉，也包括人们由此生发的思想和行为，从这个意义上说，情绪不但与人的脾气秉性密切相关，也与人们在做具体的事情时怀着的目的、期望等有着密切关系。总体而言，人的情绪可以分为积极的情绪和消极的情绪，不管是哪种情绪，都会引起人的内心发生变化，从而引起人们不同的行为表现。

有人说，情商的高低主要取决于后天，然而，和情商不同，人的情绪同时受到先天成分和后天成分的影响。基本的情绪决定了人的情绪基调，

第一章　认知情绪，才能有效控制和驾驭情绪

是先天的。而比基本情绪级别更高的复杂情绪，除了受到先天因素的影响之外，主要是人们在后天的生活之中受到各种影响而形成的。当然，因为先天因素和后天生存环境的不同，每个人的复杂情绪也各不相同。有些人天生敏锐，对于各种事情更加敏感，感悟深刻，所以更容易陷入复杂的情绪感受中无法自拔。有些人天生感情迟钝，性格开朗而又神经大条，所以他们在生活中往往表现出钝感（钝感，心理学名词，与"敏感"意思相对，两者互为反义词），对于很多问题和现象也不容易深思。正因为如此，即使遭遇同样的事情，人们的情绪感受也可能截然不同。综合来看，情绪既是客观的生理反应，也是主观的心理感受，既是带有明确目的的社会表达方式，也是复杂的、多元化的综合事件。

曾经有国外的心理学家对情绪的构成进行深入分析和研究，最终得出结论，认为情绪的发生包含五个基本元素，即认知评估、身体反应、感受、表达和行动倾向。这五个基本元素之间有着先后次序和联动关系，环环紧扣，层层推进。所谓认知评估，指的是人们在最初接受外界刺激的情况下发生的心理反应。身体反应指的是情绪的生理构成。当外部事件发生时，人的认知系统就会自动进行评估，使得身体在评估的基础上也会发生一系列的变化，从而适应认知评估对于事情的判断和预估。感受是从生理反映到主观的情绪感受。表达是在前面三个因素的基础上，人的情感变化以及表现情感的方式。行动倾向，就是人在发生生理反应、心理反应和情绪表达之后，对于自己应该做出怎样的行为的倾向性。唯有知道情绪的基本运作方式，我们才能更深入了解情绪，也真正管理情绪。当然，这只是情绪的一般运作方式。对于孩子而言，处于不同的身心发展阶段，在情绪的发展上也会呈现出不同的特点。所以，作为父母既要了解孩子的情绪运作方式，更要结合孩子所处的年龄段的身心发展的特点，有的放矢地分析孩子的情绪表现，引导孩子积极地疏导情绪，成为情绪的主宰。

接纳情绪，而非隔离情绪

对于每个人而言，如果不能真正做到接纳自己，就无所谓真正的成长。从这个角度来看，也可以把一个人的成长看作不断接纳自我的过程。接纳自我，绝不是挑剔苛责之后有选择性地接纳，而是接纳自己本真的面目，对于自己的一切全盘接纳。当然，这样的接纳也包括对情绪的接纳。接纳情绪之前，必须先管理好情绪，才能梳理好情绪。所以，父母如果想引导孩子接纳情绪，就要帮助孩子梳理情绪，这样才能让孩子与情绪和平相处。反之，如果孩子总是隔离情绪，则会导致孩子与情绪始终处于对立面，使孩子与情绪的相处变得更加困难。

每个人都是这个世界上独一无二的生命体，不但在性格方面相差很大，处理事情的很多行为和表现也各不相同。当然，他们对于情绪的敏感程度也是不同的。根据对情绪敏感程度的划分，可以把人分为三种情绪类型。第一种情绪类型的人总是能够迅速感知自身的情绪，既可以怀着理性的态度接纳情绪改变，也可以积极有效地管理情绪，思考和解决问题。他们属于自我觉知型。第二种情绪类型的人非常感性，对情绪十分敏感，属于性情中人，常常因为情绪的变化而引起自身一系列的变化，他们很容易沉溺于情绪之中无法自拔，无法成为情绪的主宰。第三种情绪类型的人能够积极地接纳情绪，他们不但能够感知自身的情绪，而且完全可以接纳情绪，并且保证自己的言行举止不受情绪的影响，他们属于认可型。以上三种就是普通人的情绪类型,孩子尽管年龄小,但也是被情绪影响的主体。父母可以根据孩子的身心发展阶段特点,有的放矢地对待孩子的情绪,引导孩子疏散情绪。

不管孩子属于哪种情绪类型,要想保持情绪的平静,真正主宰情绪,首先要能够接纳情绪,而不是总与情绪对抗。与情绪对抗,会让孩子陷入被动的情绪状态,也会导致孩子被情绪驱使,完全无法做到平心静气。所以当孩子出现情绪问题的时候,父母不是只帮助孩子解决情绪问题,而是要先引导孩子接纳情绪,与情绪和平共处。唯有如此,孩子才能接纳情绪。

当然,每个人梳理和接纳情绪的方式都是不同的,父母可以引导孩子发现最为有效的方式。有的孩子喜欢绘画,在绘画的过程中他们的内心渐渐恢复平静,从而理性地面对很多负面情绪;有的孩子喜欢唱歌,在歌声中让心舞飞扬,以驱散坏情绪;有的孩子喜欢阅读,阅读使他们汲取心灵的养料,也能获取心灵的力量;有的孩子喜欢运动,在酣畅淋漓、挥汗如雨的过程中,为身体排毒,也为心灵排毒,从而让情绪得以恢复;此外,还可以爬上山顶喊叫,在属于自己的日记本里记录情绪等,这些都是很好的梳理情绪的方式。帮孩子控制好情绪,帮助他们不因为情绪的异常而手足无措,可以做到心平气和对待很多事情;让他们成为情绪的主宰,也能够有效地管理自身的情绪,真正地接纳情绪,而不是隔离和逃避负面情绪。

了解情绪的发展变化

只有在认知情绪的基础上，青少年才能够更进一步研究情绪的发展变化规律，从而更加接纳和肯定自己，也更加能有的放矢地改造自己。随着人类发展进程的不断推进，人的情绪变得越来越复杂，与生活中各种事情的联系也越发紧密。父母要想引导孩子了解情绪，梳理情绪，就要正确认知孩子的情绪，帮助孩子心平气和地接纳情绪。现实生活中，很多人因为情绪太过冲动，做出过激的举动，等到严重的后果发生时，为时晚矣。为了把冲动引起的严重后果控制在一定的范围内，青少年不仅要随时关注和体察自身的情绪，也要在父母的帮助和引导下，增强控制情绪和接纳情绪的能力。

了解情绪的发展变化，洞察情绪的发展趋势，有助于青少年有的放矢地控制自身情绪，也能让情绪对人生起到积极的推动作用。当然，青少年心智发育不成熟，人生经验有限，这往往局限了他们对于情绪的理解。当青少年对情绪理解不够深刻的时候，父母可以引导孩子更加积极地体察情绪，掌控情绪，从而使情绪始终保持良性发展的状态。

认知情绪是管理情绪的第一步，管理情绪则是为了更好地成长和发展。青少年要始终牢记这个目标，而不要本末倒置，反而被情绪驱使。不得不说，青少年正处于人生之中至关重要的阶段，因为青春叛逆期的影响会做出各种过激的举动，在面对波澜起伏的情绪时，更要学会接纳和面对情绪，也

第一章 认知情绪，才能有效控制和驾驭情绪

要在深入了解和分析情绪状态的基础上，管理好情绪，成为情绪的掌控者，而不要为情绪所驱使和奴役。

为了帮助青少年了解情绪，还可以进行各种小游戏。例如，针对人的基本情绪——喜怒哀乐，可以做一个小游戏，以"当……时，我感到……因为……"的句式进行。这个句式看似简单，实际上逻辑清楚，言简意赅，可以有效地引导青少年认知自身的情绪，也可以帮助青少年在梳理情绪之后健康快乐地成长。

当然，青少年如果发现自己属于本节内容开篇所说的情绪类型之一，且的确无法有效控制情绪，那么就应该有的放矢地调整心态，从而转化情绪类型，让自己保持积极乐观、理性的情绪状态。

也许有些青少年觉得了解情绪的发展变化没有意义，其实这是因为没有认识到情绪的重要性。前文说过，每个人每时每刻都有情绪，并且始终与情绪相依相伴，因而情绪对于人的影响作用是非常大的。古往今来，很多英雄豪杰都败给了情绪，就是因为他们没有认识到情绪的重要性，也没有真正成为情绪的主宰。青少年正处于青春叛逆期，原本就容易情绪激动，所以更应该有意识地控制和疏导情绪，理性接受各种不同的情绪，这样才能综合情绪的力量，为青少年的身心健康发展助力。

正确表达自己的情绪和需求

对于如何正确表达情绪，很多青少年都受此困扰，他们有着冲动的、感性而又热情的心，但是他们又有着笨拙而又内敛的口。他们外冷内热，不知道应该如何表达自己的情绪和需求。在心理学上，这样的现象被称为"述情障碍"。顾名思义，就是表达情绪的能力受到禁锢和限制，往往呈现出表达障碍。通常情况下，有述情障碍的青少年，他们之中的大多数人都是清高孤傲的，但往往也伴随着自卑、孤僻的性格表现。他们因为缺乏自信心，对于自己的评价很低，所以常常陷入失望沮丧的情绪之中无法自拔。这是因为情绪管理的一个重要基础，就是要能够做到合理表达情绪，如果没有这个前提，情绪管理就变成空谈，很难取得实质性的进展。

为了帮助孩子们正确表达情绪，美国大名鼎鼎的心理学家卢森堡博士发明了"长颈鹿语言"。众所周知，长颈鹿是食草动物，性情温和。长颈鹿语言指的是能够以平和的方式表达情绪，与他人进行深入友好的沟通和交流，在此过程中接纳自己的情绪，与自己和谐共处。当然，并非每个人都天生掌握"长颈鹿语言"，否则也就不存在述情障碍的问题。要想成功地用"长颈鹿语言"进行表达，就要进行以下三个步骤。第一个步骤，感知和认知自身的情绪。第二个步骤，接纳自我，洞察情绪，了解情绪问题背后隐藏的深层次心理需求和细微感受。第三个步骤，用恰到好处的方式表达情绪。做到这三个步骤，便能很好地表达情绪。

"长颈鹿语言"之所以能够解决情绪问题,最关键的原因在于这种语言的核心是接纳。举个简单的例子,面对简单的情绪,很多人总是情不自禁想要逃避,而无法做到正面面对,有的时候,人们还会刻意压制愤怒的情绪,生生地把自己憋出内伤来。不得不说,这种逃避的行为也许可以暂时忽略愤怒的情绪,但是愤怒就在那里,从未离开过,只是人们自欺欺人,所以才暂时对于愤怒避重就轻。尤其是对于青少年而言,他们原本就容易情绪冲动,如果不能做到合理疏导愤怒的情绪,就会导致在压抑愤怒的过程中达到爆发点,最终引起更加恶劣的后果。青少年要使用"长颈鹿语言"释放愤怒的情绪,首先要端正心态,认识到愤怒的情绪和诸如喜悦等情绪一样,都是正常的情绪,是合理存在的,这样才能发自内心地接受愤怒的情绪。接下来,就可以理性分析自己为何感到愤怒,也要知道引起愤怒的不仅有表面原因,还有深层次的心理原因,或者是某种需求没有得到满足,要有的放矢地解决愤怒背后隐藏的问题,这样才能发自内心地接受愤怒。最后,在表达愤怒的时候,还要以合理的方式进行,唯有如此,才能减轻愤怒对于青少年的伤害。

通过行为控制情绪

在人们的观念中，常常认为情绪是控制行为的驱动力。事实上，心理学家经过研究发现，通过行为，也可以控制情绪。众所周知，人的情绪非常敏感，很容易受到各种因素的影响。然而，情绪是人的综合感受，正如人们常说的"心若改变，世界也随之改变"。只要调整好心态，青少年就可以有效地控制情绪。当然，情绪并不是纯粹的唯心论，很多情况下，当有目的性地改变行为时，人的情绪也会发生改变，这一点可以从日本人的生意经上得到论证。很多年前，日本人虽然擅长做生意，但是在经营方面始终没有起色，还常常被作为生意伙伴的西方人诟病，这是为什么呢？原来，日本人非常严肃，总是不苟言笑，哪怕是面对合作伙伴，谈判的时候也总是一本正经。这样的情绪状态，给西方国家的合作伙伴很大的压力。为此，西方国家的合作伙伴无法容忍日本人的刻板，也往往因为对于日本人没有好印象，所以放弃与日本人合作。细心的日本人很快发现了问题的根源所在，为此，他们当即着手改变自己。公司负责人规定员工要延迟半个小时下班，而加班的内容就是在嘴巴里横着含一根筷子，这样一来，就变成了标准的露齿笑——露出八颗牙齿。日久天长，每个员工都形成了微笑的好习惯，在与西方国家的合作伙伴合作时，总是面带笑容，让人感到亲切和善。笑得时间久了，日本人的情绪也改变了，变得越来越轻松，与西方国家的合作伙伴相处得和谐融洽，生意自然水到渠成。

第一章 认知情绪，才能有效控制和驾驭情绪

那么，到底是情绪影响了行为，还是行为影响了情绪呢？在传统观念中，人们认为是情绪影响行为，实际上最新的心理学理论告诉我们，行为也会影响情绪。正因为如此，才有人提议在心情郁郁的时候，不妨假装高兴，因为假装的时间久了，情绪就会真的高昂起来。丹麦心理学家格兰和美国心理学家詹姆斯也曾经提出，情绪是对身体变化的一种感知能力，由于身体变化而引起情绪反应，又在情绪的驱使下，使得身体发生生理反应。由此可见，情绪与行为是相辅相成、相互影响和相互作用的，而并非人们曾经误以为的那样——只有情绪才会影响行为。

基于这个理论基础，人们近年来开始研究行为与情绪之间的关系，最终发现如果人在盛怒之下努力地挤出笑容，心情真的就会变好。对于青少年而言，当感到情绪紧张或者愤怒的时候，要想管理好情绪，不妨通过改变行为来调节情绪。常言道"六月的天，孩子的脸"。青少年情绪容易激动，行为变化很大，就更应该让行为和情绪起到相互稳定的作用，从而保证自身获得更好的成长。

绘制情绪树，有效控制情绪

要想合理有效地控制情绪，就要对情绪有正确的认知。很多人在受到外界刺激变得愤怒时，总是误以为外界的刺激事件是愤怒的根源，其实不然。外部的刺激事件，只是情绪的导火索，真正导致愤怒的，是当事人的态度、观念、想法和行为。认识到这一点，我们就不会把愤怒归咎于外界事件，而是更多地从自身的角度出发思考问题。要知道，一切消极的情绪，都是因为我们自身的消极态度、悲观思想导致的，而不是由那些外界事件导致的。

在盛怒之下，为了合理有效地控制自身的情绪，我们一定不能歇斯底里，更不能放纵情绪以崩溃的方式向前发展。为了帮助自己恢复平静和理智，我们应该理性地问自己一些问题：我经历了什么？到底发生了什么事情？我为什么感到非常悲伤？我准备如何应对这一切？悲伤情绪，给我的生活带来了这样的影响，我又要如何消除这些影响？这一连串的问题，可以有效地帮助我们恢复情绪，也让我们拨开愤怒的乌云，见识到愤怒的本质，发现引起愤怒的根源。当我们理性地回答这些问题时，就会认识到一个不争的事实，那就是那些险些击垮我们的愤怒情绪，实际上是我们内心的一种感受，而并非来自外界。当我们能够合理控制情绪，也就可以有效主宰自身的情绪，从而成为情绪的主人。从情绪的本质出发，情绪是一种决定，是我们对自身所经历的一切做出的决定。这样一来，我们才能理性

第一章 认知情绪，才能有效控制和驾驭情绪

地看待情绪，也才能做到平静地接纳情绪。

那么，当愤怒如潮水般袭来的时候，我们要怎么做，才能控制好愤怒，让自己保持良好的状态呢？只是从理性上告诉自己要心平气和，并不能立即舒缓情绪，还可以采取合理的措施。为了厘清头绪，可以以树形的图案梳理情绪，例如，在树形图案上列清楚影响情绪的因素，回答开篇列出来的各种问题，从而梳理出影响情绪的根本原因，也就可以找到改善情绪的有效方法，这样一来，就会觉得豁然开朗，也会因为思路清晰，从而卓有成效地缓解焦虑。

当然，如果在冲动之下做出不计后果的举动，事后无论再怎么梳理情绪，也必须承担冲动的后果。所以，要想为自己争取到梳理情绪、解决情绪问题的时间，还应该锻炼控制情绪的能力。老司机都知道，遇到红灯要宁停三分钟，不抢一秒。实际上，愤怒等负面情绪又何尝不是情绪的红灯呢？当红灯频繁亮起时，一定要正确认知自身的情绪，才能在当时状态下做出最好的决定和选择。为了控制怒气，还可以采取换位思考的方式，更多地理解和体谅他人。通常情况下，人之所以生气，是因为觉得自己受到他人的伤害。既然如此，只有设身处地地为他人着想，才能理解他人的言行举止，这样一来才能够缓解自身的情绪，以相对平静的心态去接受他人的所言所行。所谓以恕己之心恕人，说的就是这个道理。因此，青少年一定要锻炼自己的心胸，让自己心胸开阔。所谓进一步万丈深渊，退一步海阔天空，既然生命中并没有那么多事情不可原谅，我们不妨就对他人更加宽容一些，因为宽容他人就是宽容自己，原谅他人就是放过自己。正如一位名人所说的，生气是用别人的错误惩罚自己，既然如此，我们为何还要代替别人继续折磨自己呢？佛说放下，不生气也是一种放下。

第二章
厌学情绪，已经成为学校教育和家庭教育的大患

现代社会，生存压力越来越大，职场上的竞争也日益激烈，父母除了要在工作中努力表现，让上司满意之外，还要分出时间和精力来照顾好孩子和家庭，可谓是拼尽全力。在这样的背景之下，出于对孩子未来的担忧，大多数父母都想方设法为孩子提供各种相对较好的条件，怀着望子成龙的美好愿景，希望孩子有朝一日能够出人头地。为此，孩子厌学也成为让父母头疼的头号难题之一，更是成为学校教育的一大忧患。毕竟老师能力再强，父母再用心，也无法让一个讨厌学习的孩子卓有成效地完成学业。

孩子为何会产生厌学情绪

所谓情绪，是人对客观事物的一种体验。所谓厌学情绪，就是孩子对于学习产生的厌烦情绪。在这种负面情绪的影响下，孩子对学习会产生排斥和抵触心理，也会因此而反感学习。通常情况下，考试的时候就是孩子们厌学情绪最强烈的时候。这是因为大多数孩子面对没有达到自己期望值的成绩，往往会产生逃避、沮丧等消极情绪，也直接导致他们对学习更加避之不及。反之，如果是学习成绩非常好的孩子，而且在学习过程中也如愿以偿地达到了自己的目标，那么他们在获得成就感的同时，会更加喜悦和满足，因而对学习表现出积极的态度。由此可见，学习活动本身与情绪就是密切相关的。

要想让孩子更好地学习，激发孩子的学习积极性，先要消除孩子的厌学情绪。那么，孩子的厌学情绪是如何产生的呢？很多孩子都是家中的独生子女，从小到大得到父母无微不至的照顾，有什么要求也都能从父母那里得到满足。日久天长，他们就像是在温室里长大的花朵，禁不起任何风吹雨打。可以说，对于这样的孩子，学习是他们成长过程中面对的最大挑战。尤其是每个孩子的天赋各不相同，思维能力、理解能力和记忆能力也有差别，这就使得他们感知到的学习难度也截然不同。有些孩子在学习方面独具天赋，轻轻松松就能学得很好，也因此在一次次获得成功的过程中更乐于学习。有些孩子在学习方面没有天赋，虽然非常辛苦和努力，但在学习

第二章 厌学情绪，已经成为学校教育和家庭教育的大患

方面始终表现出吃力的状态，更未曾尝过成功的滋味，为此面对学习常常产生畏难情绪。随着年龄的不断增长，学习的内容也越来越难，知识量越来越大，孩子们在面对学习的过程中，常常不知不觉间就产生畏难情绪。

除了在学习方面遇到的困难和阻碍，孩子们进入学校之后，所处的环境也不再像家里那么简单。他们不但要学会与同学相处，还要学会与老师相处，为此一旦在人际关系中陷入进退两难的境地，他们就会畏惧去学校，也无法做到快乐地学习，由此，厌学情绪也随之产生。

那么，对于青少年而言，如何才能够提升学习的情绪，让自己积极地面对和接纳学习呢？首先，青少年要认识到学习是自己的事情，会对未来的人生起到关键性作用，进而产生主动学习的想法。其次，在学习的过程中，对于各门学科，青少年也可以培养自己的兴趣，从而让自己对学习充满兴趣。再次，要增强自控能力，在自己想出去玩耍的时候，坚持完成手头上的学习任务再去痛痛快快地玩耍。这样既可以学好，也可以玩好，实现效率最大化。最后，当对学习感到厌倦的时候，不要强迫自己继续学习，可以做一些自己感兴趣或者擅长的事情，让厌倦情绪尽快消散，从而在调整好学习状态之后，继续全身心投入到学习中，这样有利于学习效率的提升。

通常情况下，厌倦是由内心的疲惫引起的。就像美味的佳肴吃久了就会感到厌倦一样。别说学习本身就是一件枯燥乏味的事情，就算学习是件充满趣味性的事情，日久天长也会让人感到厌烦。因而，要想让孩子对学习保持长久的兴趣，一定要日日常新，不但要更新学习的内容，还要改变学习的形式，这样才能让作为学习主体的孩子保持积极的状态。除了形式和内容上的乏善可陈，孩子对学习感到厌倦，也有可能是发自内心的无力感。学习是高强度的脑力劳动，很容易让孩子在长期保持努力的状态下感到疲惫。尤其是当父母和老师都在不停地给孩子们"施压"时，就会产生"超限效应"，使得孩子非但无法做到积极主动地学习，反而会产生逆反心理。

总而言之，学习是长期的过程，孩子从 3 岁进入幼儿园到大学毕业，甚至在大学毕业之后，始终都应坚持学习。所以，孩子一定要从心理上接受学习，也坚持学习，这样才能激发起对于学习的兴趣，真正做到积极自主地学习。当学习变得更加高效时，孩子们的学习效率就会大幅度提升，孩子对于学习自然更加兴致盎然。

第二章　厌学情绪，已经成为学校教育和家庭教育的大患

过高的期望，导致孩子自暴自弃

　　日本有一位马拉松选手，在日本为主场的国际马拉松比赛中赢得了冠军。很多记者闻讯赶来，采访这位此前名不见经传的运动员，问他如何才能获得冠军，这位选手只是淡然地说："凭借智慧取胜。"这个回答显然不能让记者满意，记者不满地想：马拉松比赛和智慧有什么关系呢？只与体力与耐力有关吧。时隔4年，马拉松比赛在国外举行，出乎预料的是，这位马拉松选手又获得了冠军。如果说第一次获得冠军是侥幸，那么第二次获得冠军就没有那么容易了。为此，记者们又去采访这位选手，问他如何取胜，他依然不以为然地说："凭借智慧取胜。"记者们又一次失望而归，直到10年后，这位名叫山田本一的选手出版了自传，人们才得知他所说的"凭借智慧取胜"是什么意思。众所周知，马拉松的整个赛程是非常漫长的，很多选手还没有跑完一半的赛道，就会感到心力交瘁，疲惫无力。而山田本一与众不同，他会先把赛道周围的情况都一一熟悉，牢记于心，并且牢记赛道旁边显而易见的标志物，以标志物为标记对赛道进行划分。这样一来，他以百米冲刺的速度跑过一个又一个标记物，对于别人而言是进行了一场马拉松，对于他而言只是进行了若干次百米赛跑，所以他既不觉得赛道漫长，也不觉得疲惫和乏力。这样一来，他便可以得到想要的成功。

对于孩子而言，学习又何尝不是一场马拉松呢？尽管老师和父母为孩子描绘的学习前景一片光明，也很吸引人，但是对于孩子们而言，那样遥遥无期的愿景无法激励他们。当孩子们非常努力，坚持不懈，也无法看到学习的成果时，他们就会觉得疲惫乏力，甚至完全放弃努力。由此可见，过高的期望对孩子并不能起到督促和激励的作用，反而会使孩子自暴自弃，陷入被动的局面。因此，要想激励孩子，就要把漫长的学习愿景目标划分为短期的小目标，这样一来，孩子每实现一个目标，就会有小小的成就感，也会觉得内心充满喜悦和动力，由此孩子才能继续努力。只有在短期目标和远期目标的配合下，孩子们才会有持续的动力和坚韧不拔的毅力。

最近，妈妈发现子乔在学习上处于很懈怠的状态，妈妈未免感到困惑：子乔一直以来在学习上还是比较让人省心的，也很积极主动，为何到了初中阶段，反而倦怠了呢？爸爸妈妈可是把希望都寄托在子乔身上，他们很担心子乔会掉链子，为此妈妈更是一日三次地提醒子乔："子乔，你可是爸爸妈妈的希望啊！你将来一定要考上名牌大学，为咱们家争光！"每当妈妈这么说的时候，子乔都忍不住唉声叹气，内心也很惶恐。

有一天，妈妈又对子乔说起考名牌大学的事情，子乔厌烦地说："妈妈，你想考名牌大学，你自己去考啊，为何要把希望寄托在我身上呢？你这样，我觉得很累，你知道吗？我都想退学了，省得你们成天叨叨我。"听到"退学"二字，妈妈惊讶地连声问道："为什么要退学，为什么要退学呢？你原本是很擅长学习的，而且学习成绩也很不错啊！"子乔说："因为退学之后，你们就会彻底死心，再也不会把考大学的希望寄托在我身上。本来我还挺喜欢学习的，就是因为你给了我太大的压力，我现在一点儿也不想学习。"

第二章 厌学情绪，已经成为学校教育和家庭教育的大患

妈妈意识到问题的严重性，陷入了深刻的反思之中，这才想起子乔有一次考试发挥失常，没有考好，被妈妈严肃批评。似乎从那以后，子乔对于学习就不那么积极了。后来，妈妈又去咨询了儿童教育专家，才恍然大悟：子乔对待学习的倦怠，都是由妈妈对子乔有太高的期望所导致的。后来，妈妈再也没有念叨着让子乔考上名牌大学，为家庭增光，而是引导子乔发现学习的乐趣，让他在进步之中获得成就感。渐渐地，子乔重新找回对于学习的乐趣，在学习方面也有了更好的表现。

如果父母对孩子期望太高，就会直接导致孩子非常努力却无法获得成就感。长此以往，孩子必然感到心力交瘁，也不知道如何做才能让自己有更好的表现。渐渐地，孩子就会失去信心，陷入自暴自弃之中。其实，父母要想激励孩子，就要采取本节开篇山田本一的方式，把远期目标转化为短期目标，这样孩子在努力的过程中才能因为实现了一个个小目标而受到激励，对待学习更加积极主动。

此外，父母还要端正态度，虽然孩子是因为父母才来到这个世界上，但是他们是独立的生命个体，并不是父母的附属品，也不是父母的私有物。所以父母可以在孩子小时候尽心竭力地照顾孩子，也可以在孩子成长过程中引导和帮助孩子，就是不要代替孩子决定人生的各项事宜，更不要剥夺孩子对人生的主宰权利。父母与孩子在这个世界上是至亲的关系，小生命呱呱坠地之初是非常依赖父母的。随着孩子渐渐长大，对于父母也会有所疏离，这是因为他们要遵循生命的呼唤，成为完全独立的生命个体。父母要学会对孩子放手，在人生的道路上，应当拼尽全力送孩子一程，不要完全代替孩子走所有的人生之路。对于孩子的期望也是如此，作为父母，不要把自己对孩子的期望和孩子的人生目标联系起来，而是要区分父母的、孩子的不同目标，这样才能真正做到尊重和平等对待孩子。

高压政策下的应激反应

前段时间网络上流行一个段子，大概意思是父母们只要看着孩子写作业，就会出现各种各样的症状和疾病。例如，有的父母因为着急犯了脑溢血，有的父母因为生气突发心脏病，还有的父母与孩子吵得不可开交，打得鸡飞狗跳。没有孩子的人看到这样的段子一定会觉得夸张：让孩子写个作业，真的有那么难吗？的确，这都是没有孩子的人才会产生的想法，实际上有孩子的父母都能理解这样的状态，甚至也曾经成为那个被气到去医院的父母。

如今太多父母都陷入了教育焦虑状态，他们对孩子的未来没有信心，因此把不安转移到对孩子的教育上，以为只要孩子学习好，将来就一定能考上好大学，有一份好工作，也能收获成功的人生。且不说这样的推理关系是否成立，对于孩子而言，父母这样转嫁压力原本就是不公平的。为了学习，原本母慈子孝的家庭氛围，转瞬之间变成了鸡飞狗跳；原本和谐友好的亲子关系，眨眼之间变得紧张恶劣。尤其是很多父母非常固执，他们只顾着实施自己的安排，而不愿意倾听孩子的心声，考虑孩子的需要。为此，亲子矛盾大爆发，父母与孩子之间的关系变得水火不容。其实，换个角度来想，这么紧张的亲子关系不但给父母带来了诸多烦恼和巨大压力，也给孩子们的成长带来了很多困扰。

第二章　厌学情绪，已经成为学校教育和家庭教育的大患

父母总是说孩子不理解父母的苦心，殊不知，父母也不知道孩子对于父母的依赖和信任。对于孩子而言，父母是他们的依靠，父母营造的家庭环境也是他们赖以生存的主要环境。作为父母，不要一味从自身望子成龙的角度出发考虑问题，还要从孩子的立场出发思考问题。当父母对孩子怒不可遏、表现得歇斯底里的时候，孩子一定会感到特别紧张和恐惧。实际上，孩子不是不想学好，可以说每个学龄孩子最大的愿望就是自己可以出类拔萃，取得傲人的成绩。但是每个孩子学习的天赋不同，自律力也不同。这就决定了有些孩子可以自主学习，有些孩子总是贪玩，处于被动学习的状态，成绩自然不理想。就像成年人在工作中会有不同的表现一样，孩子在学习中的表现也各不相同。作为父母，既然从不要求自己在工作上遥遥领先，又有什么理由要求孩子必须在学习上拔尖呢？所谓以恕己之心恕人，正是告诉父母只有宽恕孩子，理解孩子，才能有效改善亲子关系。

有一天下午，妈妈接到老师的电话，说小朵不但没有完成作业，而且在课堂上也不认真听讲。妈妈怒火中烧，当即就恨不得批评小朵一通。好不容易挨到下班回家，妈妈板着脸等着小朵回家，小朵刚刚进门，妈妈就大声质问："你的作业为什么没有完成？"小朵自知理亏，小声说："我忘记了。"妈妈怒吼道："忘记了？吃饭你怎么不忘记呢？"小朵无言以对，妈妈继续说："你不止一次犯这个毛病了，我可以理解为你在故意逃避写作业吗？你看看人家楼上的爱华，学习那么好，真是给父母长脸啊！我呢，我的脸面都被你丢尽了！不要吃饭，去门外站着反思，直到你认识到错误为止。"

爸爸回家时，看到小朵站在门口，也支持妈妈的做法。忙着忙着，他们居然把小朵忘记了，直到一个多小时之后做好饭，妈妈才想起小朵。去门口一看，小朵根本不在门口，妈妈不由得慌了神，赶紧喊爸爸去楼下找。爸爸把整个小区找了一大圈，也没有发现小朵的踪迹，妈妈在家里给小朵的同学打电话，也没有同学知道小朵去了哪里。妈妈急得哭起来，无奈之下，爸爸只好报警，但是不到24个小时是没有办法立案的。不过，警察同意先调看监控录像。监控录像显示，小朵乘坐公交车去了长途汽车站。一行人于是奔赴汽车站，才打听到小朵购买了去奶奶家的车票。车站调度室马上联系了长途车司机，得知小朵还在车上呢，爸爸又紧急联系奶奶去车站接小朵。妈妈的心这才放下来。小朵到了奶奶家，无论如何也不想回家，还说要留在奶奶身边上学。

在这个事例中，小朵之所以突然离家出走，就是因为妈妈对她严厉的、口不择言的批评伤害了她的自尊心，才使她临时决定去找奶奶。可想而知，小朵对于妈妈不由分说的怒吼是很排斥的，在这样的应激状态下，她不能理性思考，也不想继续被爸爸妈妈批评，所以就采取了离家出走的逃避行为。

如今，很多父母都会因为学习和孩子产生各种争执和矛盾，甚至对孩子大打出手。而一旦孩子出现各种问题，父母又会后悔不已。其实对于孩子而言，学习固然重要，但是身心健康愉悦发展更加重要。就像一棵树要想长大，必须先深深地扎根在泥土之中，才能往上生长。如果一棵树连根部都没有扎稳，一阵风吹过就摇摇欲坠，还如何成长为栋梁之材呢？在教育和引导孩子的过程中，父母不管多么愤怒，都要保持清醒和理智，一旦

第二章 厌学情绪，已经成为学校教育和家庭教育的大患

父母失去理智，就会给孩子带来深深的伤害。父母还要了解孩子的心理承受能力，不要陷入误区，更不要总是从主观角度出发把孩子当成年人对待。唯有了解孩子心理状态的父母，才能真正做到引导孩子，疏导孩子的情绪，也才能有效地改变孩子对于学习的态度，让孩子从厌学到乐学，这样才可以真正解决问题。

乖孩子也会产生厌学心理

对于学习情绪，很多人都存在误解，即觉得乖孩子一定都是非常热爱学习的，只有学习不好的孩子，才会对学习产生厌倦心理。其实，这样的认知只符合普通的情况，在一些案例中，即使是乖孩子，也有可能对学习产生厌烦心理。前文说过，学习是枯燥的长期过程，为了激励孩子对学习始终满怀热情，父母要学会激发孩子对于学习的兴趣，也就是经常变换方式帮助孩子学习。如果孩子觉得远期目标遥遥无期，父母就可以把远期目标划分为短期目标，当孩子经过努力之后达到一个短期目标时，就会产生成就感，这样对学习也就会始终充满动力。从这个角度而言，不管孩子的学习成绩如何，他们都有可能对学习感到厌烦，甚至想办法逃避学习。父母无须惊讶，只要把这种现象视为正常，坦然接受即可。

固执地认为乖孩子乐于学习，会导致父母对于孩子的心理状态和情绪状态都不够了解，也让父母无法有效地督促孩子学习并取得进步。尤其是青春期孩子心思重，自尊心强，有了自己的想法未必会第一时间告诉父母。父母一定要多关注青少年，洞察青少年的内心状况，这样才能全方位地监管青少年，让青少年的成长更加顺利。

有一天，远在外地打工的小方的爸爸妈妈接到了学校老师的电话。在电话里，妈妈意外地得知儿子小方不辞而别，只留下一

第二章 厌学情绪，已经成为学校教育和家庭教育的大患

封信，说要去打工。得到消息，爸爸妈妈第一时间就赶回学校，找到老师。老师把小方的信拿给爸爸妈妈看："老师，我不想上学了，请您把这件事情也转告我的爸爸妈妈。我外出打工，到春节的时候就会回家。"看着这寥寥数语，妈妈的眼泪簌簌而下：这孩子能去哪儿呢？他平日里挺听话的，为什么会做出这样的举动呢？

老师询问爸爸妈妈："最近，你们家里发生过什么不同寻常的事情吗？"爸爸说："我们一直在外面打工，生活费都是按时打到小方卡上的，这次回来也是第一时间来学校还没来得及回家呢！"老师说："建议你们回家看看有没有特别的事情发生，给孩子造成了负面影响，据我所知，孩子平日里的确是很乖的。"爸爸妈妈回到家里，就去走访周围的邻居和亲戚，这才知道小方的堂哥最近刚刚退学去打工，小方的表姐也因为没考上大学嫁人了。爸爸妈妈想到：是不是这两件事情让小方对学习失去了信心呢？他们无从得知答案，只能焦急地等待小方联系他们。为了保证能第一时间联系上小方，爸爸去了打工地，妈妈则留在老家。半年之后，小方终于回到家里，妈妈又惊又喜又生气，百感交集地问小方："小方，你为什么要辍学啊？"小方说："妈妈，上学没什么用处，你看表哥都去打工了，表姐上完高中还不是一样要嫁人。我想早点儿挣钱，给你和爸爸减轻负担。"妈妈哭笑不得："你表哥去打工，是因为他学习实在不好。你表姐嫁人，也是因为家里没钱给她复读，其实她自己很想复读的。我和爸爸是全力支持你读书的，因为只有读书才能改变命运。"在妈妈的全力劝说下，小方这才答应回到学校继续学习。

对于孩子而言，多学习总是有好处的，尤其是青春期孩子正处于半大不小的年纪，外出打工，身体还很稚嫩，不能承担高强度的劳动，而且社会环境复杂，他们很有可能接触到复杂的人和事，辨不清方向，误入歧途。对于青春期孩子而言，最好的出路就是留在学校，这样不但可以学习，还可以有效地提升自己各方面的能力，从而让自己不断地成长，越来越成熟。

孩子学习的过程，就像是婴儿在娘胎里，必须经历十月怀胎，胎儿才能出生一样，学习也必须经过漫长的过程，才能储备一定量的知识，从而有更好的发展和成就。既然学习是一个漫长的过程，那么不管是父母还是孩子都要有足够的耐心，不要急功近利。父母需要注意的是，很多好孩子也会厌倦学习，因而在孩子学习的过程中，父母要多激励孩子，以保证孩子始终对学习充满兴趣。否则，在父母长期的忽视下，孩子即使原本对学习有着浓厚的兴趣，也会慢慢地耗尽，越来越厌倦学习。古人云，天时地利人和，孩子要想在学习上有出色的表现，也要具备各个方面的条件和因素，才能在学习上如鱼得水。尤其需要注意的是，很多农村的父母不够重视孩子的学习，甚至提出读书无用论，觉得即使考上大学也未必能赚钱。这样消极的思想会给孩子带来特别负面的影响，导致孩子学习的坚定意志被动摇，也导致孩子对学习的前景失去信心和希望。

父母是孩子的第一任老师，也是对孩子影响最大的人。父母只有在孩子面前谨言慎行、端正思想和态度，才能给予孩子正确的引导。否则，上梁不正下梁歪，如果父母本身思想态度就不够端正，很容易对孩子产生负面影响，也有可能使孩子偏离正确轨道。

第二章　厌学情绪，已经成为学校教育和家庭教育的大患

成为社交达人，处处受人欢迎

　　针对青少年厌学的情况，心理学家们调查发现，年龄较小的孩子厌学的情绪比较普遍，例如他们就是厌烦学习，不喜欢去学校，而年纪较大的孩子，厌学情绪的产生原因更为复杂。除了讨厌学习，不想去学校之外，有相当一部分青少年厌学是因为没有处理好人际关系。人际关系一方面包括与同学之间的关系，另一方面包括与老师之间的关系。与同学的关系只要不超出正常的矛盾范围，通常不会激化矛盾，也不会导致青少年彻底厌学。但是与老师的关系是否能处理好，往往决定了青少年在学科学习中的表现。在校园里有一个奇怪的现象，即青少年们如果喜欢某个学科的老师，在该学科的学习方面往往会有良好的表现。反之，青少年们如果讨厌某个学科的老师，则他们在该学科的学习就会缺乏积极主动性，也因为被动而导致自身的学习陷入糟糕的境地。

　　青少年们要想处理好人际关系，要从两个方面入手：一是要与同学处好关系，二是要与老师搞好关系。拥有和谐融洽的人际关系，青少年去学校的时候心情会更加愉悦，也会因为喜欢某个学科的老师而对该学科产生更浓厚的兴趣。由此一来，进入良性循环，有利于青少年健康成长。

　　升入初中之后，赵敏在英语学习方面一直表现得很吃力，有的时候，对于老师的全英文教学，她甚至不能完全听懂。为此，

赵敏越来越发愁上英语课。有一次，老师在课堂上点名让赵敏回答问题，赵敏没听懂老师的提问，站起来不知道该如何回答。老师生气地说："你瞪着大眼睛干什么呢？答案难道写在我的脸上吗？不会回答问题，还不赶紧用脑子想，真不知道你一天天地在干什么呢！"赵敏已经是大姑娘了，被老师这样一顿抢白，她觉得面上无光。从此之后，赵敏特别讨厌英语老师，对于英语学习的兴趣也越来越淡了。

后来，赵敏索性向妈妈提出要转学，妈妈不理解，问赵敏原因，赵敏直截了当地回答："我不喜欢现在的英语老师。"妈妈不以为然："你不喜欢现在的英语老师就要转学，那么等到换了一个英语老师，你就能保证自己喜欢新的英语老师吗？这个世界上，你不喜欢的人多了去了，你能让他们都从你眼前消失吗？"赵敏被妈妈一番抢白，觉得转学无望，以后再上英语课，她索性就看课外书，或者趴着睡觉。如果老师让她回答问题，她就一副满不在乎的样子，渐渐地，老师也不愿意管赵敏，任由赵敏英语考试挂零。

在这个事例中，赵敏自尊心很强，感情也很脆弱，所以原本就对英语学习充满畏惧的她，在被英语老师当着全班同学一顿抢白之后，更是对英语老师爱不起来了。得知赵敏要转学的原因之后，妈妈又彻底断绝赵敏想要转学的念想，使得赵敏更加破罐子破摔。其实，妈妈应该想方设法改善赵敏和老师的关系，或者私下里和英语老师沟通，同时帮助赵敏补习英语，从赵敏与英语老师的关系以及赵敏的英语学习状况方面双管齐下，才能既有效改善赵敏和英语老师的关系，又能让赵敏在英语学习方面更进一步。

孩子在幼年时期主要在家庭里活动，等到进入幼儿园后，就是从家庭迈出走向社会的第一步。相比较而言，孩子在幼儿园阶段、小学阶段的人际关系都是比较简单的，等到进入初中阶段，青少年渴望得到同龄人的认可，融入同龄人的团体之中，为此他们对于人际关系会更加关注。在这个阶段，青少年从小学阶段的向师性中摆脱出来，对于同龄人表现出更加明显的趋同性。由此可见，建立和维护良好的人际关系，对于青少年而言至关重要。

当然，青少年在人际相处的过程中难免会与身边的人发生各种各样的矛盾和摩擦，毕竟每个人都是独立的生命个体，无法做到完全契合和步调一致。在与人发生矛盾或者产生争执的时候，青少年应该以和为贵，也可以设身处地地为同学或者老师着想，这样就可以理解同学和老师，也避免发生毫无意义的争执。在良好的人际关系中，一方面，青少年对于友情的需求得到满足，另一方面，在学习上遇到困难的时候，也可以向同学和老师求助，这样自然会更加喜欢学习，也爱上所在的班级。只有在这样良好氛围中，青少年才能爱上学习，也才能在学习上提升效率，减轻厌学的负面情绪。

第三章
拒绝胆怯与害羞，勇敢的孩子才能一往无前

如今，很多孩子在父母的精心呵护下成长，缺少独自面对人生风风雨雨的机会。他们习惯了接受父母无微不至的照顾，对父母产生了深深的依赖。而随着孩子的不断成长，父母不可能总是照顾孩子，更不可能陪伴孩子一辈子。因此，父母应该鼓励孩子拒绝胆怯与害羞，让孩子的心变得越来越勇敢，也让孩子在人生之中真正做到一往无前。

面对校园霸凌，决不忍气吞声

近些年来，校园霸凌愈演愈烈，很多学校里都曾发生过校园霸凌事件，甚至有些极端的霸凌事件，还导致严重的后果。从心理学的角度分析，校园霸凌不但对于受暴者是极大的摧残，对施暴者内心也会产生很大的伤害。因而，不管是从受害者还是从施害者的角度而言，都应该杜绝校园霸凌。现实生活中，有一种情况引人关注，即在校园霸凌中，有很多受害者都会忍气吞声，很少有人向老师或者同学求助，在长期被欺凌的过程中，他们无法忍受，不堪屈辱，最终会选择做出过激的举动，甚至结束生命。这样恶劣的结果，是父母们很难接受和承受的，也是让每一位知道真相的人都扼腕叹息的。

很多孩子觉得面对校园霸凌，只要忍耐一下就可以过去。殊不知，很多事情是根本过不去的，唯有更加积极主动地面对，勇敢无畏地抗争，才能解决问题。尤其需要注意的是，作为青少年在面对校园霸凌时，不要只是向同龄人求助，而应该向老师或者父母求助。毕竟同龄人的人生经验有限，而且心智发育同样不成熟，所以青少年唯有向老师或者父母求助，才能得到帮助，也才能如愿以偿地在生命的历程中收获更多，成长得更快乐。

皮特班级里有个留级生，这个学生留级过两次，因而比同班同学都大。仗着人高马大，这个留级生伙同几个学习不好的学生，

第三章 拒绝胆怯与害羞，勇敢的孩子才能一往无前

总是抢同学们的钱物，不但抢本班同学的，还抢其他班级同学的。有一个周五，皮特留在学校打扫卫生，走得比较晚，为此也遭到留级生的抢劫。皮特把兜里仅有的十几元钱都给了留级生，只想息事宁人。皮特恳求留级生以后不要再抢劫他，也以为留级生能够信守诺言。没想到过了没多久，留级生又开始勒索皮特。皮特一直很害怕，不敢把这件事情告诉爸爸妈妈和老师，只是一个人默默地承受。

又一个周五，留级生勒索皮特不成，就把皮特带到厕所。皮特害怕极了，想要逃跑，却没有机会。为此，他被留级生和同伙堵在厕所里，被喝令用手去抓厕所里的污物，还要涂抹到身上、头上和脸上。皮特觉得万念俱灰，产生了生不如死的想法，他觉得自己没法继续快乐地活下去。等到留级生疏忽，皮特夺门而逃，在被追赶的过程中，从三楼跳了下去。之后，皮特陷入昏迷，父母直到调看学校里的监控录像，才知道皮特经历了什么。他们心急如焚，守护着皮特，等待着皮特醒来。

在这个事例中，皮特对于校园欺凌，选择了逃避。正因为如此，他在成长的过程中才会遭到如此沉重的打击，造成无法挽回的恶劣后果。如果皮特能在第一次遭遇抢劫时就把事情告诉老师，或者回家向父母求助，那么结果一定不会是这样。

青春期的孩子身心快速发育，内心也常常陷入各种无助的状态无法自拔。对于他们而言，一些外界的刺激就会导致他们内心失衡，为此父母不仅应该有的放矢地帮助青少年，更要时常关注青少年的行为和心理、情绪动态，如此才能及时发现青少年的异常，也才能有效地保护青少年，让其健康发展，安全成长。

声音响亮，为自己鼓劲

很多青少年的父母，都为孩子特别害羞和胆怯而感到烦恼，尤其是有些青少年在面对陌生人，或者是在公开场合说话的时候，总是特别羞涩，声音比蚊子哼哼还小。有的时候，在课堂上回答老师的问题，他们也总是把声音憋在嗓子里。对于这样的青少年，父母常常感到无奈和苦恼。老师和父母也常常质疑青少年："你们说话声音这么小，是怕吓着谁吗？"

很多青少年也知道自己说话的声音太小，但是他们始终不好意思把声音放大。实际上，要想有的放矢地锻炼自己，青少年就要让声音变得响亮，为自己鼓劲，从而增强信心，让人生的成长更加高效。当习惯了以嘹亮的声音表达自己的想法后，青少年的自信心会得到提升。

小雨从小就是个腼腆的男孩，常常会感到紧张，说话的时候声音就像蚊子哼哼。为了改变小雨的害羞情况，妈妈常常鼓励小雨说话要大声，但小雨就是做不到。眼看着小雨就要参加初三考试，他的目标高中还要进行英语口语的测试，妈妈更加心急如焚。

为了有效帮助小雨戒掉羞怯，妈妈坚持要求小雨参加演讲社团，也参加英语角，当着很多人的面公开发言。一开始，面对众多的人，小雨连蚊子哼哼的声音都消失了，但是在大家的鼓励下，

第三章　拒绝胆怯与害羞，勇敢的孩子才能一往无前

他终于鼓起勇气上台发言。后来，小雨从小声发言，到大声讲话，变得越来越有自信，也更加充满勇气。

古往今来，有很多伟人都经历过胆小的阶段。例如，英国前首相丘吉尔，在第一次演讲的时候，甚至只讲到一半就不得不终止。后来，他不断地成长，坚持演讲，不断进步，最终成为举世闻名的演讲家，也在成功的道路上越走越远。事例中的小雨也是如此，正如很多青少年害怕演讲只是因为无法褪去内心的羞涩一样，小雨之所以说话小声，也是因为无法超越自己的内心。为此，他需要坚定不移地做好该做的事情，才能最大限度地激发生命的潜能，也才能让自己变得真正勇敢起来。

通常情况下，孩子之所以胆小，有先天的原因和后天的原因之分。很多孩子怕黑，怕虫子，怕陌生人，怕当众讲话，妈妈总是不假思索地就给他们贴上标签："这孩子胆小"。在这样的心理暗示下，孩子的胆子只会越来越小。明智的父母知道，孩子之所以胆小，除了因为他们天生就胆小之外，与他们在后天的成长过程中没有得到更多的锻炼机会有关系。所以，父母应该有的放矢地帮助孩子成长，也给予孩子更多的机会锻炼胆量，使他们变得更加坚定勇敢。从家庭环境的角度而言，当父母过分溺爱或过度保护孩子时，孩子就会愈加胆小，或者当父母对于孩子的管教太过严格，什么事情都不允许孩子去做时，孩子也会更加胆小。父母唯有给予孩子更多成长的空间和锻炼的机会，也作为孩子最坚强的后盾支持孩子，孩子才会渐渐变得勇敢，在面对很多未知的事情时才能够充满勇气，勇往直前。

从青少年成长的角度而言，当年纪渐渐增长，青少年一定要鼓起勇气，才能最大限度地激发生命的潜能，也卓有成效地帮助自己获得更多的成长

机会，获得更多的支持和赞许。总而言之，青少年不可能一直在父母的庇护下成长，最重要的就在于要让自己的内心充满力量，当意识到自己的胆怯表现在某些方面的时候，才可以战胜胆怯，一往无前，拥有获得成功的勇气。

第三章　拒绝胆怯与害羞，勇敢的孩子才能一往无前

面对陌生人，也能从容搭讪

很多青少年因为羞怯，往往不能做到从容和陌生人搭讪。面对陌生人的时候，原本还自由自在的他们马上感到紧张局促，也根本无法鼓起勇气与陌生人搭讪。其实，陌生人没有那么可怕，他们同样也是普普通通的人。青少年之所以一面对陌生人就内心紧张焦虑，完全是因为他们的心理素质差，内心胆小羞怯。

胆小的青少年，往往不善于交际，在面对陌生人的时候紧张得不敢抬起头，不敢与陌生人说话，那么如何才能消除这样的心态和情绪呢？其实，青少年之所以害怕陌生人，一是天生性格内向，二是因为在后天成长的过程中没有机会接触更多的陌生人。现代社会，大多数家庭里都只有一个孩子，父母和长辈都把孩子当成手心里的宝贝，捧在手里怕摔了，含在嘴里怕化了，从来不会放手让孩子与更多的同龄人相处或者交往。然而，在现代社会，人际交往能力却是至关重要的，往往决定了一个人在社会生活中的表现。所以，不管青少年缺乏与陌生人的交往能力是因为天生还是后天养成的，父母都要有的放矢地培养青少年的人际交往能力，也要让青少年在成长的过程中各个方面都得以发展，变得更加大方和不卑不亢，也变得更加有力量。

赵伟15岁了，正在读初中二年级。一个周末，赵伟和妈妈一

起去亲戚家里做客，到了亲戚家里，正好还有其他客人——和赵伟同龄的一个女孩，为此，妈妈和亲戚都让赵伟和女孩互相认识，多多交流，在学习方面也可以相互帮助。没想到，赵伟害羞得脸都红了，根本不敢和女孩说话，而是自己拿着手机玩。后来，还是女孩落落大方，打破沉默："赵伟，你在哪个学校读初中呢？"赵伟头也不抬，闷声回答："二中。"女孩说："哦，二中很好啊，我在一中，这两个学校离得很近。你们周末经常补课吗？"赵伟摇摇头。

这个时候，在一旁的妈妈看不下去了，对赵伟说："赵伟，人家倩倩作为女孩子都这么大方，你堂堂一个男子汉，怎么总是闷不吭声啊！"赵伟害羞地说："妈妈，有什么好说的呢！"妈妈反问："你就算没什么好说的，人家倩倩问你话，你也得回答吧！"赵伟还是保持沉默，倩倩也觉得这样追着赵伟说话没什么意思，所以自己找了一本课外书津津有味地看起来。

在这个事例中，赵伟之所以被动地回答倩倩的提问，一是因为他天性害羞；二是因为他找不到和倩倩的共同话题；三是赵伟正处于青春期，对异性比较敏感，所以也加重了他的羞怯。对于青春期的孩子，对异性感到羞怯完全是正常现象，父母也时常为青少年高发的早恋现象感到担忧。在这种情况下，为了避免青少年早恋，父母完全可以给予青少年积极的引导，例如，为青少年创造很多与异性相处的机会，这样一来，青少年在异性面前的羞涩心理就会减轻；与此同时，他们也更容易把异性当成普通的朋友，而较少产生怦然心动的感觉。

对于青少年的害羞，父母还可以用治疗过敏的一种有效方式——"脱敏疗法"帮助青少年戒掉害羞，使他们变得越来越大方。具体而言，就是

第三章 拒绝胆怯与害羞，勇敢的孩子才能一往无前

为青少年创造更多结识陌生人的机会，让青少年与陌生人接触。这样一来，青少年渐渐地就能学会如何与陌生人相处，也不会因为害羞而导致人际关系的发展陷入困境。

不当胆小鬼，从容应对人生危机

很多孩子从小就表现出胆小的性格特点，例如怕黑、怕虫子、怕一个人独处、怕很多未知的事物。随着孩子们渐渐长大，他们的很多恐惧也渐渐消除，但也有一些恐惧依然深深埋藏在他们的心底，导致他们无以应对。正因为如此，很多青少年也会对一些陌生事物感到害怕和恐惧，这样，来自心底的畏惧多多少少会对他们的生活造成影响，也使他们在很多事情上陷入被动。作为父母，要有的放矢地锻炼青少年的胆量，要让青少年拥有勇气和胆识，这样对青少年一生的成长和发展都有莫大的好处。

众所周知，人生不如意十之八九，如果青少年在遭遇人生困境的时候，表现出胆怯和畏缩，就会对青少年的成长起到极其糟糕的禁锢作用。所以，明智的父母从孩子小时候就会有意识地提升孩子的自信心，增强孩子的勇气，也给孩子创造各种机会努力锻炼自己，获得成长。当然，父母需要注意的是，有的时候作为父母如果对孩子管控过于严格，总是强制要求孩子这个也不许做，那个也不许做，就会导致孩子的内心越来越紧张拘束，对于很多事情自然也就无法放开手脚去努力尝试，去做到最好。所以，父母要为孩子营造宽松的成长环境，给予孩子更大的自由空间去自主选择，让他们收获成功。

乐乐虽然已经12岁了，但还是特别怕黑。每天入睡前，他都

第三章 拒绝胆怯与害羞，勇敢的孩子才能一往无前

要亮着小夜灯，否则他就会想象有些生物潜伏在黑暗中，正对他伺机而动。对于乐乐这样的表现，爸爸妈妈也很苦恼。乐乐正在小升初，如果进入私立学校读初中，就需要住校，这样一来，乐乐就会变得很被动。为了帮助乐乐改变这种状态，爸爸妈妈尝试了很多办法，都没有奏效。无奈之下，妈妈只好求助于心理医生，向心理医生描述了乐乐怕黑的状态。

心理医生问妈妈："在他小时候，你们有没有以黑暗恐吓过他？"妈妈不假思索就摇头，后来在心理医生的启迪之下，妈妈才想起："小时候，他不愿意乖乖睡觉，我们会让他闭上眼睛，说如果睁开眼睛，就会看到黑暗里的怪物。"心理医生恍然大悟："难怪呢！按道理来说，这么大的孩子应当不会怕黑，也应当知道没有所谓的怪物，正是因为你们不合时宜的恐吓，才让他深陷恐惧之中无法自拔。接下来的日子，你们应该带着他去面对黑暗。这就像是心理脱敏治疗，即强制他面对害怕的东西，他才能在被迫接受的过程中认识到事实真相。"妈妈按照心理医生所教的方法帮助乐乐一起克服恐惧，虽然一开始乐乐很抵触，但是后来发现自己硬着头皮经历黑暗之后，并没有发现所谓的怪物，更没为被未知的生物所攻击，这才放下心来，再也不怕黑了。

很多青少年之所以胆小，都是被吓出来的。在孩子小时候，为了让孩子听话，有一些父母总是吓唬孩子。殊不知，这样的吓唬会让孩子内心胆怯，甚至给年幼的孩子留下心理阴影，导致孩子即使长大成人，也无法有效地消除内心的阴影。这样一来，孩子当然会被恐惧困住，无法逃脱。

作为父母，在孩子的成长过程中，有多少次告诉孩子必须好好吃饭，否则会被警察抓走呢？又有多少父母，在孩子不听话的时候，扬言要把孩

子丢掉呢？父母看似不经意的一句话，却会在孩子稚嫩的心灵中留下阴影，有些严重的心理创伤，是孩子即使长大也无法彻底消除的。所以，父母对孩子一定要谨言慎行，而不要以恐吓的方法试图掌控孩子。有的时候，父母的肆意否定还会导致孩子一生都与自卑相伴，不得不说，这样做的后果是非常严重的。

当然，随着年龄的增长，青少年也要做到避免自己吓唬自己。很多青少年面对父母的威胁和恐吓，常常陷入困境之中无法自拔，也总是因此而自卑或者愁眉不展。众所周知，唯有勇敢者才能在人生中拥有更加出色的表现，青少年一定要激发出内心深处的勇气，成为真正的人生强者。

过度害羞是心理的病态

害羞的状态非常普遍，与很多性格因素会受到遗传因素的影响一样，害羞的情绪也会受到遗传因素的影响。曾经有科学家研究发现，很多人之所以害羞，是因为他们体内的"害羞基因"在起作用。什么叫害羞基因呢？就是一种与压力敏感度密切相关的基因，因为这种基因比较强大，远远高于正常人的水平，所以害羞的人才会频繁表现出害羞的样子，也才会在成长的过程中承受因害羞而引起的巨大压力。事实证明，害羞尽管有着与生俱来的特性，但是只要努力改变，有的放矢地引导，害羞的孩子就能够渐渐变得大方，变得充满自信。

从心理学的角度分析，适度的害羞是正常的，但是过度害羞是一种心理上的疾病。因而，当青少年过度害羞的时候，应该意识到自身存在的问题，也应该有的放矢地解决问题，从而渐渐地远离害羞。作为父母，也可以有目的地引导青少年，从而循序渐进地改变青少年害羞的问题。细心的父母会发现，引起害羞的原因是很复杂的，有的青少年因为敏感胆怯而害羞，有的青少年因为惧怕陌生人而害羞，有的青少年因为不知道如何面对纷繁复杂的现实而害羞。对于青少年而言，最重要的是在成长过程中，有目的地增强信心，让自己勇敢而无所畏惧，自然就会落落大方。

子乔从小就很害羞，原本妈妈以为随着年龄的增长，子乔害羞的情况会得到改善。没想到子乔越来越大了，可害羞的毛病不但没有改善，反而越来越严重，就连在课堂上回答问题都不好意思，偶尔和妈妈一起去亲戚朋友家里做客，也会因为害羞而不愿意说话。看着子乔的样子，妈妈有的时候也感到很丢面子，为此，妈妈不止一次强行命令子乔必须大方一些，学会问候别人，也学会和陌生人打交道。遗憾的是，效果并不好。

眼看着子乔已经读初二了，却还因为害羞，无法与同学搞好关系，在学习上遇到难题的时候，也不敢大胆地询问老师。对于子乔的表现，妈妈心急如焚，却不知道该如何进行正确引导。后来，在一个当老师的亲戚的建议下，妈妈决定带子乔去看心理医生，以得到更加专业的诊治和帮助。果然，心理医生在对子乔进行相关的测试之后，发现子乔有严重的自闭倾向，所以才会特别害羞，也以此来关闭自己的心扉。为了更好地引导子乔，妈妈先接受心理医生的指导后进行练习，然后再引导子乔。在心理医生的告诫下，妈妈决定戒骄戒躁，有的放矢地引导子乔。果然，子乔的行为表现越来越好。看着日益开朗的子乔，妈妈感到很欣慰。

在这个事例中，子乔之所以特别害羞，都是自闭倾向惹的祸。每个孩子的过度害羞都是有原因的，当父母发现青少年出现过度害羞的行为表现时，必须给予足够的关注，以帮助孩子健康快乐地成长。尤其是当害羞的程度影响到正常生活和人际交往时，就要向心理专家寻求帮助，这样才能解决问题。

青少年时期其实就是孩子从童年到成年的过渡阶段，作为父母，一定要关注孩子的青春期，而作为青少年也应该关注自己在青春期的心情波动和心理状态的异常。任何时候，都不要觉得人生必须多么努力才能恢复到自由的状态,而是要更加积极主动,勇往直前,这样才能最大限度地激发生命的本能,也才能有的放矢地爆发生命的力量。青少年们,不要再因为害羞而止步不前了,努力地腾飞吧,相信自己一定会拥有梦想中的未来。

受到同学排挤时，要知难而上

自古以来，同窗情谊都被称为人世间最美好的情谊，为无数人所珍惜和重视。但是，同窗情谊并不都是让人感到身心愉悦的，尤其是年纪相仿的青少年们在一起，更是会因为各种原因而爆发各种争执和矛盾，甚至还会有打架斗殴的情况发生。这是因为青少年情绪很容易激动，如果被同学误解，或者受到同学排挤，很难做到隐忍。如同小行星一样快速移动的他们，很容易因为与其他小行星的碰撞而受到伤害。为此，青少年之间的相处难度更大，他们必须更加宽容，才能和谐友好相处。

不得不说，现代社会，人际关系被提升到前所未有的高度。每个人要想更好地与他人相处，就要端正自己的态度，摆正自己的位置，不要总是与他人针锋相对，对他人更需要增加一份尊重。尤其是青少年正处于青春叛逆期，情绪容易冲动，言行举止不够稳重，更是会在相处过程中受到同学的排挤。要想处理好与同学的关系，就要端正心态，这样才能有的放矢地与他人从容交往，从而建立良好的人际关系。

细心的青少年会发现，人缘好的人走到哪里都有人倾心相助，人缘不好的人，走到哪里都会招致他人的反感。所以，青少年要想更好地在现代社会生存，就要友善地处理好人际关系，以包容的心原谅和理解他人，宽宥和成就自己。当然，每个人都是独立的生命个体，相互不够了解，在遇到很多事情的时候难免会发生误解。在这种情况下，青少年要做到

第三章 拒绝胆怯与害羞，勇敢的孩子才能一往无前

多包容他人，尊重他人，出现问题从自身寻找原因，这样就可以妥善地解决问题。诸如在学校里遭到同学排挤的时候，与其抱怨同学，不如先反思自己哪里做得不好，哪里做得不够，从而张弛有度地调整自己为人处世的原则和方式，这样一来，自然可以与他人处理好关系，所谓的排挤也就不复存在了。

在青春期，躁动的班级里，经常会发生被同学排挤的事情。常言道，木秀于林，风必摧之，同学们之所以排挤某个人，也可能因为对方太过优秀。菲菲就是因为这样而遭到女生排挤的。

菲菲不但人长得漂亮，而且学习成绩也特别好，为此深得老师的器重和喜爱。有的时候，老师还让菲菲当小老师，在自习课上代替老师管理好班级的课堂秩序。为此，菲菲也无形中"得罪"了好多同学。有一天，菲菲放学后，几个女生一起对着菲菲喊道："哎呀，菲菲老师，怎么这么形只影单呢？没有人愿意和你一起结伴而行吧！"菲菲被同学们讽刺，眼泪都流出来了。后来，老师知道这件事情，安慰菲菲不要在乎别人的眼光，菲菲却懊恼地说："我真的很想和同学们处好关系，我也不知道我哪里得罪他们了。"老师建议菲菲："菲菲，高处不胜寒，你学习成绩这么好，估计也会招致同学们的嫉妒。其实，你平日里可以多与同学们相处，也适当表现出自己的弱势，这样会有一些好转的。"菲菲最不擅长的就是体育，为此，她向班级里擅长体育的同学求助，希望对方帮助她提升体育成绩。果然，对方一开始不愿意帮助菲菲，但看到菲菲虚心好学，就对菲菲说："菲菲，你原来也有不擅长的地方，知道吗，我们都把你当神一样看待呢！"菲菲笑起来，说：

"什么神不神啊,每个人都有优点也有缺点啊,我还羡慕你是'飞毛腿'呢!"就这样,菲菲与同学互动起来,再也不是一副清高孤傲的模样了。

对于菲菲而言,她人长得漂亮,学习成绩又好,如果她总是表现得清高孤傲,那么同学们对她就会敬而远之。聪明如菲菲,她主动向同学求助,从而改变自己给同学留下的不食人间烟火的印象,让同学意识到菲菲也是普通人,也有喜怒哀乐,也有优点和缺点。唯有如此,菲菲才能拉近自己与同学之间的关系,从而与同学友好相处。

受到排挤的青少年,一定要先从自己身上寻找原因,确定自己为何被大多数同学排挤。唯有如此,才能更加有的放矢地解决问题,让自己融入同学们的团体之中,从而与同学友好融洽地相处,建立良好的同学关系。

第四章
愤怒如同火焰,在每个孩子的心中熊熊燃烧并将毁灭一切

愤怒是人的基本情绪之一,作为情感动物,很多人都会情不自禁地陷入愤怒的旋涡之中。尤其是青春期的孩子,原本就因为体内的激素大量分泌,情绪容易冲动,脾气更加暴躁,在这种情况下,父母作为青春期孩子的监护人和引导者,一定要及时观察孩子的情绪,采取有效的手段控制好孩子的情绪,这样才能减少孩子愤怒的次数,也帮助孩子发挥情绪的积极作用。

孩子为何总是大发脾气

爱是滋养孩子的最佳养料，孩子如果在充满爱的环境中成长，他们的内心就会非常柔软，也因为他们时刻都在感知爱、表达爱，所以他们与爱的缘分很深，他们对人也往往很友善。如果孩子从小就缺乏爱，诸如得不到父母的关爱，得不到兄弟姐妹的关爱，孩子的心灵就会干涸，缺乏爱人的能力，自然也就无法与他人建立友好融洽的关系。

很多青少年都会表现出脾气暴躁的特点，常常遇到一点不如意就抱怨，对于解决问题没有积极的态度，也会在与人相处产生摩擦的时候大发雷霆，让人无法应对。针对青少年脾气暴躁的表现，父母要耐心地寻找深层次的原因。否则，只留意表面的原因，只会导致治标不治本，很多问题马上又会浮现出来。

作为留守儿童，可乐从小一点儿都不快乐。她跟着爷爷奶奶长大，父母只有过年的时候才回家一趟，为此，她待人非常冷漠。有段时间，可乐与班级里的同学频繁发生矛盾，只是一件很小的事情，都有可能让她大发雷霆。为此，老师几次三番和爷爷奶奶沟通，爷爷奶奶无计可施，总是念叨："这个孩子不知道怎么了，脾气特别坏。每天吃饱喝足，就想生气。"

无奈之下，老师要求父母到学校里，针对可乐的情况进行沟

第四章 愤怒如同火焰，在每个孩子的心中熊熊燃烧并将毁灭一切

通，爷爷奶奶几次三番地联系可乐的爸爸妈妈，爸爸妈妈却都以工作太忙为由拒绝了。后来，爷爷把电话给了老师，老师联系上可乐的爸爸妈妈。在电话里，老师告诉可乐的爸爸妈妈："如果你们再不回来，孩子就会出大问题，孩子的心理状态现在就已经有些扭曲了。"妈妈赶紧回到家里，与可乐面谈："可乐，你为何不愿意和同学们好好相处呢？你对待同学要友好啊！"可乐不以为然，冷漠地质问妈妈："你有什么资格要求我待人温暖，作为妈妈，你给我温暖了吗？"妈妈被可乐问住，不知道该如何回答。可乐继续冷冰冰地说："我从小就没有得到过温暖，我想怎么对待别人就怎么对待别人，你们也管不着我。"后来，妈妈好说歹说才让可乐同意去看心理医生。在和心理医生沟通的过程中，可乐敞开心扉诉说了心中的烦恼，心理医生听完可乐的倾诉，背地里对妈妈说："这个孩子心中有一股怒气和怨气，从我跟她沟通的情况来看，她主要是憎恨你们不在她身边。其实，你们这种做法的确是对孩子不负责任的，孩子正处于青春期，有很多心事要向父母倾诉，和爷爷奶奶之间没有共同语言，你们又不在她的身边，和孩子感情淡漠，孩子的情绪就会处于抑郁状态，无法排遣。"妈妈虽然不是很懂心理医生说的话，但是她很清楚自己作为妈妈这些年的确是亏欠可乐的。为此，妈妈和爸爸商量之后，辞掉工作，回到家里陪伴可乐。

孩子的脾气好坏，除了有先天的因素在起作用之外，在后天成长过程中也受到很多因素的影响。作为父母，不要以为照顾好孩子吃喝拉撒等生理需求，就已经尽到做父母的义务，还要随时关注孩子的心理健康和情绪状态，这样才能及时疏导孩子的不良情绪，能让孩子在爱的呵护下快乐成

长。只有能够感受和体验爱的孩子，才能渐渐地形成爱人的能力，也才能养成与人友好相处的好习惯。当然，从父母的角度而言，要想让孩子养成好脾气，远离愤怒，首先，要为孩子营造良好的家庭氛围和家庭环境；其次，要细致入微地爱孩子，关注孩子，如此才能以身示范，教会孩子表达爱，让孩子在更加健康温暖的环境中成长。唯有如此，孩子的情绪才会更加平和，孩子的心理状态也才会更加稳定。

细心的父母还会发现，当青少年处于暴怒中时，他们是不会讲道理的。原本很懂得道理的孩子，一旦被愤怒冲昏头脑，失去理智，甚至还会故意说出一些不讲道理的话来。这样一来，孩子就会表现得蛮横无理，胡搅蛮缠，更是把父母气得七窍生烟。要想避免这种情况发生，父母要引导孩子讲道理，当发现孩子的情绪愤怒时，也要及时以最佳的方式疏导孩子的情绪，帮助孩子宣泄情绪，这样孩子才能避免被愤怒冲昏头脑。需要注意的是，很多父母总是从自身角度出发思考问题，而完全忽略了孩子的思维和出发点与成人是不同的。优秀的父母在与孩子发生冲突的时候，会有意识地关注孩子的情绪，也会根据孩子的脾气秉性疏导孩子的情绪。记住，对于青春期孩子而言，他们的内心非常敏感，自尊心特别强烈，不要再试图以粗暴的方式强制要求孩子，只有把话说到孩子的心里去，让孩子心服口服，教育才能水到渠成，事半功倍。

第四章 愤怒如同火焰,在每个孩子的心中熊熊燃烧并将毁灭一切

找到引起自身愤怒的导火索

在日常生活中使用电器的时候,总有开关可以控制电器。需要用的时候打开开关,不需要用的时候关闭开关,随心所欲,尽在掌控。随着科学技术的发展,很多电器还可以通过无线使用手机遥控,例如,在下班的路上先用手机打开家里的空调,想一想推门而入时的冷气,让人不由得心情舒畅。然而,尽管人可以依赖科技控制很多电器,却无法有效控制自身的情绪。尽管人是情绪的主宰,也偶尔能够在与情绪博弈的过程中控制情绪,但就是无法成为情绪真正的主宰。这是为什么呢?

当人被情绪驾驭的时候,会很容易陷入被动的情绪状态之中,诸如焦虑、紧张、不安,有些人还会因为怒火中烧而失去理智。不得不说,在各种情绪之中,愤怒的情绪是最危险的,这是因为愤怒常常使人失去理智,也使人对自己的行为举止失去操控的力量。心理学家经过研究发现,愤怒使人的智商瞬间降低,而且会使人体内分泌出有毒的物质,对于人体健康是极为不利的。那么,如何控制愤怒呢?很多人为此感到烦恼。即使是成年人也无法卓有成效地控制自身情绪,更何况是青少年?

青少年原本就容易情绪冲动,这是因为青少年正处于身心发展的关键时期,又因为体内激素的大量分泌导致青少年更加冲动暴躁。在这种情况下,青少年更容易陷入愤怒的情绪,也常常因为愤怒而导致失去自控力。既然如此,青少年就要有的放矢地调整好心态,控制自身的情绪,让自身

的情绪处于相对稳定的状态。当然，对于任何一件事情，未雨绸缪总是比亡羊补牢要好，青少年要想控制好自身情绪，就要找到触发自己愤怒情绪的开关，从而有意识地避开开关，保证情绪稳定。

每个人的情绪状态都是不同的，对于很多事情的忍耐程度也截然不同。所以，青少年在观察自身情绪的时候，既要从自己的脾气秉性出发考虑问题，也要根据自己正在经历着的事情来进行衡量，而不要一味相信自己的情绪控制能力。只有避开触发点，青少年才能摆脱负面情绪，也才能远离愤怒，避免引愤怒的怒火而烧身。

有一天，小梦因为到了生理期，所以没有去上体育课，而是独自留在教室里专心致志地看课外书、写作业。一节体育课过去，下课了，同学们都大汗淋漓地回到教室。小雅突然惊呼："我放在桌子上的饮料呢？"小雅这么喊着，同学们都开始为小雅寻找饮料，小雅想了想，索性直接问小梦："小梦，你看到我的饮料了吗？"小梦无辜地看着小雅："没有啊，我一直在座位上看书，写作业，没有离开过。"小雅说："但是，我的饮料就放在桌子上，你怎么可能没看过呢？"小梦连声否认，小雅却不依不饶："小梦，饮料那么明显，你怎么可能没有看到呢！会不会是你把饮料偷喝了？"听到这个"偷"字，小梦马上委屈地哭起来，同时愤怒地喊道："我没有偷，我没有偷！"

小雅情绪也很激动："你没偷，那你哭什么呀！我看你就是做贼心虚，一定偷了。"小梦生气极了，走上去推了小雅一下："你有什么证据说我偷喝了你的饮料？"就这样，小雅和小梦厮打起来。后来，小雅才想起来自己把饮料带到操场上，因为忙于上课忘记拿回来了。为此，小雅真诚地向小梦道歉，小梦却不想原谅小雅。

第四章　愤怒如同火焰，在每个孩子的心中熊熊燃烧并将毁灭一切

在这个事例中，"偷"是小梦愤怒情绪的触发点。本来，小雅质疑小梦，小梦还可以心平气和地说话，后来小雅因为着急，索性直接指责小梦是偷，这才让小梦情绪失控，陷入愤怒情绪之中。对于青春期孩子而言，受到这样的委屈和误解，的确是难以接受的，所以小梦做出这样的反应也完全属于正常。

青少年自尊心很强烈，也特别敏感，在相处的过程中，彼此之间难免会发生矛盾和争执。此时一定要注意控制好情绪，一是避免自身的愤怒情绪被触发，二是避免说出不当的言辞激怒他人的情绪。当然，愤怒对青少年自身也是有很多负面影响的，不但不利于青少年的身体健康，也不利于青少年保持稳定的情绪。所以，青少年要想成为真正的人生强者，不仅要控制好自身情绪，也要在驾驭情绪的基础上，建立和维护好人际关系，帮助自己健康快乐地成长。

巧用愤怒，让其发挥积极作用

大多数人都以为愤怒是一种消极负面的情绪，殊不知，只要巧妙运用愤怒的力量，愤怒就有可能起到积极的作用。从辩证唯物主义的观点来看，愤怒既是一种负面的情绪，也是一种可以发挥正面作用的力量，关键在于要学会使用愤怒，利用愤怒捍卫自己和他人的合法权利与利益。举个最简单的例子，生活中有很多老好人之所以总是不敢捍卫自身的权利，就是因为他们的性格怯懦，是典型的退缩性格，甚至在感到不如意的时候，也无法表现出愤怒。愤怒不但是一种情绪，更是一种力量，只要运用得当，我们就会见识到愤怒具有摧枯拉朽之力。诸如在侵略者入侵的年代里，无数的革命志士为了赶走侵略者，在民族正义的号召下，怀着对侵略者的愤怒之情，发挥出强大的力量，最终赶走侵略者，还给人们平静美好的生活。

巧妙利用愤怒，就能起到积极的作用。青少年应该适度控制愤怒，在必要情况下适当地发挥愤怒的作用时，同样可以激发出自身的力量。当然，任何一种情绪都不能泛滥，愤怒也是如此。过度的愤怒只会使人失去理智，还谈何力量呢？

一天放学之后，杜比没有马上回家，而是背着书包在校园里闲逛。时值深秋，校园里的几株银杏树叶子已经泛黄，落了一地，杜比踩在金黄的落叶上，脚底下传来沙沙的声响，这种感觉好极了。

第四章　愤怒如同火焰，在每个孩子的心中熊熊燃烧并将毁灭一切

但是走了没多远，杜比突然看到在一株银杏树下，一个高年级男孩正在欺负一个低年级男孩，那个低年级男孩看起来非常瘦弱，被人高马大的高年级男孩推倒在地，几次想要站起来，却又被推倒。杜比的心中陡然升腾起愤怒之情，虽然他的个子没有那个高年级男孩高，但是他在愤怒的驱使下爆发出力量，对那个高年级男孩说："嘿，你在干什么呢？赶紧住手！"

高年级男孩看到杜比还没有自己高，丝毫不把杜比放在眼里，说："你还是担心你自己吧，看看你就像一棵豆芽菜，根本没有力量与我抗衡。"杜比却丝毫没有退缩，而是又上前一步，语气坚定地说："如果我的力量和他加起来呢？"也许是杜比的愤怒让高年级男孩心生恐惧，他沉默片刻，指着杜比说："你给我等着！"然后，就跑开了。杜比走上前去扶起低年级男孩，他的心中依然愤愤不平，说："你为何不求救？"低年级男孩害怕地说："他说不许喊！"后来，杜比找到校长，说起校园里的很多高年级同学以大欺小的事情，义正词严地向校长提议："校长，我建议成立低年级学生的互助小组，这样在遇到危险的时候大家可以互相帮助，而且可以每天派出两个人在校园里巡逻。"校长很赞同杜比的想法，当即安排老师去做这件事情。很快，低年级学生互助小组成立，每天校园里都有低年级同学在雄赳赳气昂昂地巡逻，高年级同学再也不敢欺负低年级同学了，杜比觉得开心不已。

看着和平安乐的校园，校长感谢杜比："谢谢你，杜比，是你的愤怒让你拥有力量制止不良行为，也推动了学校里相关组织的成立。"

如果不是因为愤怒，杜比看着比自己还高大的高年级同学，一定没有

勇气去管闲事，更没有勇气公然与高年级同学叫板。正是在愤怒的驱使下，杜比才变得更加坚强和有力量，既维护了自身的利益，也为他人打抱不平。当然，借助愤怒的力量去做很多事情的时候，青少年也要保持清醒，不要自不量力。例如，可以先思考一下哪些因素处于自己的可控范围内，也要知道依靠自身的力量可以把事情解决到什么程度。这样一来不仅可以避免盲目自大，也可以把问题解决得更加漂亮。

愤怒，既是一种情绪，也是一种强大的力量，唯有把愤怒运用得当，才能发挥愤怒的作用。当然，这么做的前提是要能够清醒理智地认知愤怒，也能够控制和驾驭愤怒，否则只会成为愤怒的奴隶，也会导致在愤怒过程中失去理智。在把愤怒转化为积极的力量之后，青少年就可以有的放矢地利用愤怒的力量来成就自我，战胜困难，走出困境。

第四章 愤怒如同火焰，在每个孩子的心中熊熊燃烧并将毁灭一切

找到最佳的方式处理愤怒

很多人处于愤怒状态时，往往不能有效地缓解愤怒，而是会越想越生气，结果导致自己陷入更加愤怒的状态。这样显然会使人的情绪走向极端，根本无法解决问题。明智的人面对愤怒，会找到最佳的方式处理愤怒，从而有效减轻愤怒的情绪，有的放矢地消除愤怒。当然，愤怒并不是十恶不赦的坏蛋，而是人的正常情绪反应。曾经有人说愤怒是上古情绪，由此可以看出愤怒是人的本能之一。从这个角度而言，人可以做到愤怒与和平共处，然后在时间的流逝中，让愤怒的情绪渐渐消散。

和愤怒相比，人们当然更喜欢幽默，幽默不但可以使人感受到愉快，而且也可以给身边的人带来快乐。如果放在数学题目中，那么愤怒与幽默的关系就是减法和加法的关系，既然如此，我们是否可以通过幽默的情绪，来消除愤怒带来的负面影响？我们不如尝试着建立开怀大笑与愤怒之间的联系，看看积极的情绪是否可以抵消消极的情绪。

当一个人成为幽默的使者，在与他人相处的过程中总是表现出幽默的品质时，他不但可以使自己快乐，也可以给周围的人带来快乐。一个愤怒的人无法给自己和他人带来快乐，因为他们的所有注意力都集中在引起愤怒的因素上，也放在愤怒的消极作用和影响上。曾经有心理学家经过研究证实，那些经常与愤怒为伴的人，胃部消化能力差；而经常以开玩笑的方式给自己和他人带来快乐的人，总是能够让自己变得更加乐观开朗，让自

己的生活整日充满欢声笑语。所以，情绪抑郁的人很容易得胃病，而心情舒畅的人，身体素质会提升很多。

既然愤怒的情绪如此糟糕，我们要如何做到与愤怒和平相处呢？是让愤怒之火把自己和他人一起焚烧，还是战胜愤怒，让自己在成长的过程中有更多的收获呢？答案当然是后者。常言道，退一步开阔天空，要想拥有好心情，就要学会放下。很多青少年心思细腻，在成长过程中总是能够关注到很多细节，并且因此而使得心情紧张和抑郁。与其徒劳无功地这么做，不如调整好情绪，让自己笑着应对生活中的一切。例如，告诉自己在这件糟糕的事情上有什么值得高兴的地方，或者有意识地去寻找生活中惹人发笑的事情。渐渐地，形成快乐的思维之后，在面对很多事情的时候，人们自然会保持乐观心态。

很久以前有个小男孩，他特别爱生气，几乎每天都要发很多次脾气，为此，不管是家人还是朋友，都想远离他，因为谁也不想被他的愤怒焚烧。有段时间，爸爸觉得小男孩一个人很孤独也很寂寞，为此想到一个办法帮助小男孩消除愤怒。爸爸拿出一口袋钉子，对小男孩说："从现在开始，你每发一次脾气，就从口袋里拿出一颗钉子钉到你的衣柜上。"小男孩很惊讶，反问爸爸："真的要这么做吗？那可是我最心爱的衣柜。"爸爸点点头。

第一天，小男孩就在衣柜上钉下13颗钉子。看着触目惊心的钉子，小男孩懊悔不已，这才意识到自己发脾气的次数有多么频繁。到了第二天，小男孩又在衣柜上钉了十几颗钉子。小男孩开始有意识地控制脾气，他可不想让自己的衣柜千疮百孔啊！渐渐地，小男孩发脾气的次数越来越少。有一天，小男孩整整一天都没有发脾气。爸爸对小男孩说："你现在已经可以控制愤怒了。如果你能够笑

第四章 愤怒如同火焰，在每个孩子的心中熊熊燃烧并将毁灭一切

对愤怒，就可以在一整天不发脾气之后，从衣柜上拔掉一颗钉子。"小男孩很高兴，他终于不用再向衣柜上钉钉子了。为了早日拔掉衣柜上的钉子，他每当感到愤怒来袭的时候，就会微笑着面对镜子里的自己，告诉自己："有天大的难事，也不值得生气。"就这样，渐渐地，他居然能够始终保持面带笑容，情绪平和。在爸爸的鼓励下，小男孩开始拔钉子。谁想，钉子钉上去容易，要想拔下来却很难。小男孩经过漫长的努力，才拔掉衣柜上的所有钉子。此时此刻，他已经成为一个彬彬有礼的小绅士了。

看着千疮百孔的衣柜，爸爸语重心长地对小男孩说："孩子，发脾气容易，但是要想消除乱发脾气给人带来的恶劣影响，却很难。人的心就像是这个衣柜，也许钉子已经拔下来，但是留下的痕迹永远都在。所以，不要随随便便发脾气，与其哭丧着脸面对一切，不如面带微笑、从容淡定地面对一切，这样才能赢得好的声名！"

在这个事例中，男孩无疑是性格暴躁、冲动易怒的。也因为如此，他的身边很少有朋友和亲人，他也总是处于孤独的状态。幸好爸爸非常机智，以一袋钉子让男孩意识到乱发脾气的恶劣影响，从而让孩子知道必须非常努力地控制愤怒才能驾驭情绪，而要想修复愤怒给他人留下的心理创伤，则是难上加难。

人是情感动物，人人都有情绪，每个人只有调整好自己情绪，并且努力驾驭自己的愤怒情绪，才能让愤怒烟消云散，也才能避免给自己的生活带来消极的负面影响。为了持续提升控制愤怒的能力，作为青少年不妨设想愤怒的具体情形，从而为自己做好情绪预案，在无法避免要发脾气的情况下，也能微笑面对愤怒，给愤怒灭火。

从原生家庭的愤怒模式中挣脱

愤怒虽然是与生俱来的情绪,但是为何每个人对于愤怒的敏感程度和表现形式各不相同呢?有的人一旦遇到小小的不愉快,马上就会陷入歇斯底里的愤怒中,自身完全处于失控的状态;有的人即使遇到很大的不愉快,也能有效地控制好情绪,从而增强自控力,让自己成为愤怒情绪的主宰,更加理性地处理问题。这是为什么呢?从后天性格养成的角度而言,这与每个人的成长经历、教育背景以及原生家庭的相处模式有很大关系。心理学家经过研究证实,孩子在童年时期经历的一切,对他们成年之后的人生都会有深远的影响。尤其是在原生家庭中经历的生活,对于孩子成年之后与他人的相处模式影响深远。

假如孩子从小在一个和谐融洽的家庭中成长,他们认为人与人之间相处就是应该相互理解、相互包容,建立友好的关系。他们长大成人之后面对人际关系,也会保持友好的态度。反之,孩子从小生活在一个人际关系紧张局促的家庭里,父母之间总是争吵,兄弟姐妹相处也不和睦,尤其是当他们自身也常常被父母呵斥或以愤怒对待的情况下,他们即使长大成人,也不能从这样的相处模式中摆脱出来,导致在建立和维护人际关系的过程中常常处于被动的状态。可想而知,在这样的模式下成长,孩子很容易带有深刻的原生家庭印记。

第四章 愤怒如同火焰，在每个孩子的心中熊熊燃烧并将毁灭一切

清晨起床后不久，妈妈就听到米未在和爸爸激烈地争吵。原来，米未很想去参加同学的生日聚会，据说还要去唱歌跳舞呢，但是爸爸对米未的决定持有怀疑的态度，也不允许米未去。爸爸主要担心孩子们喝酒后会做出不合适的事情，但是米未并不理解爸爸的担忧，而是坚持要去。才沟通了没几句话，爸爸就生气地说："我说不许去就不许去，如果你再固执己见，就不要怪我对你不客气。我告诉你，我不想揍女孩，但是不代表我不会揍女孩。"米未遗传了爸爸的火暴脾气，又受爸爸潜移默化的影响，因而也怒气冲冲地吼道："我非要去，你不能限制我的自由！"听到这句话，爸爸的愤怒更是被激发出来，为此爸爸对米未说："好吧，你看看我敢不敢现在就把你锁在房间里，一整天都不许出去，包括白天，学也不用上了。"

听到父女俩激烈的争吵，妈妈出来察看情况，无奈地说："天啊，你们能不能别吵了。你们总是这样吵个没完，简直让人崩溃。米未，你简直和你爸爸一模一样。"后来，妈妈把爸爸和米未隔离开来，让米未恢复冷静，也让爸爸的愤怒降低等级。

米未的爸爸是个火暴脾气，米未真的是遗传了爸爸的性格，才会也脾气火暴吗？当然不全是。一方面，米未遗传了爸爸的火暴脾气；另一方面，米未在生活中也受到爸爸潜移默化的影响，才会和爸爸越来越像。实际上，也是家庭的相处模式在米未心中留下的印记，导致她在与人相处的过程中也常常情不自禁地表现出暴躁易怒的性格特点。

青少年要想拥有好性格，就要更加深刻认识到愤怒的本质，也要有意识地控制自身的愤怒，从而整理思绪，让自己条分缕析地处理好很多事情。当然，青少年不但要认识到引发愤怒的因素，还要认识到自身愤怒的表现

形式，才能准确知道愤怒的后果。这样一来，青少年才能有自发的力量来控制自己，也才能找到更好的发泄渠道来发泄愤怒。

　　从家庭环境的角度而言，父母要想塑造孩子的好性格，自己首先要控制好情绪，成为情绪的主宰者。很多父母在日常生活中就是个非常冲动的人，对于很多事情，他们动辄被冲动的情绪困扰。众所周知，父母是孩子的第一任老师，孩子是父母的镜子。因而，当父母发现孩子的言行举止有所偏差时，先不要急于责怪孩子，而应该从自身角度出发考虑问题，从而整理思绪，控制怒气，做到理性解决问题。记住，愤怒除了让人的智商降低之外，对解决问题并没有实质性的好处。一个真正明智的青少年，不会让愤怒驱使自己，而是会竭尽所能掌控愤怒，从而让自己有所收获，有所成就。

第四章　愤怒如同火焰，在每个孩子的心中熊熊燃烧并将毁灭一切

即使愤怒，也要对自己的行为负责

尽管心理学家经过研究证实，人在愤怒的情况下，很容易导致智商降低，无法圆满解决问题，但是依然有很多人陷入愤怒的情绪中，也在愤怒的驱使下做出过激的举动。这样一来，往往会导致事情变得更加糟糕，而无法有效解决问题。正因为如此，才有人说愤怒是魔鬼，让人神志不清。但是，愤怒并不能成为逃避责任的借口，一个人无论多么愤怒，如果失去理智，做出出格的事情，也要为自己的行为负责。这是每个人应当承担的责任。

青少年正处于青春叛逆期，原本就容易情绪冲动，所以更容易陷入愤怒的情绪中无法自拔，也容易因为冲动做出让自己追悔莫及、懊悔不已的事情。所以，青少年一定要控制好情绪，要记住与其责怪他人，不如先反思自己。因为每个人都是自己的主宰，都应该为自己的人生负责。虽然和反思自己相比，责怪别人来得更容易，但是责怪别人非但无法解决问题，还往往会使得问题更加复杂。为了消除对别人的抱怨，我们不妨扪心自问：如果我是他们，我会怎么做？在这件事情中，我需要承担怎样的责任？……把类似的问题弄清楚，也就可以尽量做到心平气和地解决问题，而不会因为愤怒，导致事与愿违。

依依明明知道老师规定不允许带手机上学，但是她很想带着手机，因为这样方便放学之后与爸爸妈妈联系，如果有特殊的情况，

还可以随时通知爸爸妈妈。基于这样的想法，依依偷偷地把手机带到了学校。

有一天下课后，同桌小可听说依依带了手机，而且是最新款的苹果手机，非要缠着依依把手机拿给他看一看。依依架不住小可的纠缠，只好偷偷摸摸把手机拿出来。正当小可拿着依依的手机翻来覆去地看时，老师突然走过来。看到小可拿着的手机，老师三言两语就问出手机是依依的，为此没收了手机，要求依依必须叫父母来学校才能拿走手机，而且放学后还罚依依留下来打扫卫生。依依一边打扫卫生，一边担心爸爸妈妈来到学校会批评她，所以郁闷极了，不停地想："都怪小可，要不是他要看手机，我也不至于被老师没收手机，还被罚打扫卫生、叫家长！"当天下午，爸爸妈妈赶到学校，把依依和手机一起带回家。妈妈回到家里继续没收手机，而且决不允许依依继续带手机去学校。

这件事情发生之后好几天，依依都不愿意搭理小可，即使小可主动与她说话，她也是爱搭不理的。对于小可的道歉，依依更加不接受，因为她认定都是小可害得她被没收手机的。

其实，依依不知道，导致她手机被没收的根本原因，不是小可要看手机，而是她压根就不应该带着手机去学校。试想一下，假如依依和其他同学一样遵守学校规定，不带着手机去学校，那么根本不会发生手机被没收的事情。

青少年处于愤怒状态时，很容易导致思考问题的时候只是流于表面，无法更深层次地思考和分析问题。从解决问题的角度而言，一味抱怨和指

第四章 愤怒如同火焰，在每个孩子的心中熊熊燃烧并将毁灭一切

责他人，根本无法真正解决问题。最重要的在于，要从自身的角度出发考虑问题，才能有的放矢地调整自己的言行举止，使自己拥有更优秀的表现，以实现预期的目标。

第五章
焦虑的情绪如同一场流感，让每一个人都深受困扰

　　焦虑就像一场重感冒，很容易在小群体之内蔓延。所以，在一个家庭里，不管是父母焦虑，还是孩子焦虑，都会导致家庭成员深陷焦虑的状态之中，无法自拔。很多父母觉得孩子无忧无虑地成长，根本不会有烦恼，却不知道孩子也会陷入焦虑的状态之中，这是因为引起焦虑状态的原因有很多，诸如生活不如意、请求被拒绝、对自己不满意等，情绪上的小小波动都有可能成为焦虑的导火索，导致孩子在成长的过程中变得焦虑、紧张、不安。那么，如何治愈焦虑的"流感"呢？

认清楚自身的焦虑模式

对于焦虑，青少年朋友并没有正确的认知，这是因为青少年对于自身的感知能力原本就很弱，又因为处于情绪的剧烈波动之中，所以他们更容易陷入焦虑状态之中，而无法从焦虑之中跳脱出来，理性认知焦虑。甚至有些父母，对于青少年的焦虑也并非那么关注。在这种情况下，父母应该加深对青少年的焦虑认知，从而有的放矢地引导青少年认知焦虑。要想消除青少年的焦虑状态，青少年就要认清楚自身的焦虑模式，只有这样，才能缓解和消除焦虑。

提起抑郁，很多人都会感到害怕，这是因为近些年来，抑郁给人带来的负面影响。作为抑郁的孪生姐妹——焦虑也常常让人紧张。实际上，焦虑是常见的情绪状态，青少年无须为此感到紧张。每个人都有焦虑的情绪状态，每个人对于焦虑的情绪状态所产生的反应也是不同的。有的人特别敏感，一旦感到焦虑就坐卧不宁；有的人神经相对比较大条，对于焦虑的轻微状态没有太敏感的反应；还有的人陷入焦虑状态无法自拔，由此引发抑郁……总而言之，每个人的焦虑模式都各不相同。

通常情况下，焦虑模式会受到哪些因素的影响呢？首先，焦虑的性格是会遗传的；其次，大脑中提升情绪的化学物质的多少会决定焦虑的状态；再次，因为每个青少年的成长经历、家庭背景各不相同，而且正在经历的一切也各不相同，所以他们对于焦虑的体验也不相同；最后，性格因素也

第五章 焦虑的情绪如同一场流感，让每一个人都深受困扰

会影响焦虑模式，性格内向忧郁的人对于焦虑敏感程度较高，热情开朗的人对于焦虑的敏感程度较低。当然，有些因素是无法控制的，而有些因素是可以通过主观的努力得到有效改善的。在认清自身的焦虑模式之后，青少年才能调整心理状态，控制好情绪，从而在以后的生活中拥有更好的情绪状态。

在了解了哪些情绪会引起自身焦虑之后，就可以有的放矢地预防焦虑情绪的产生，或者干涉已经发生的焦虑情绪。这样一来，既可以做到未雨绸缪，也可以做到亡羊补牢，从而对焦虑的状态起到有效的改善作用。

每当考试临近的时候，艾米都会陷入焦虑状态无法自拔。她总是整夜整夜不能入眠，这直接导致学习效率低下，学习效果大打折扣。艾米也知道自己这样的状态不利于学习，却无法有效改变自己。为此，她不得不去学校里的心理诊室求助。

心理医生听完艾米的倾诉，说："你其实很清楚自己的焦虑模式，那就是由于考试即将到来引发的焦虑，原因很明显，你只要掌握方法，就能有效预防焦虑产生。"艾米说："我的确很清楚是考试引发焦虑，但是我不知道如何控制情绪。"心理医生问："你为何害怕考试呢？"艾米说："因为在考试的过程中，我常常会遇到不会做的题目，也因此而无法取得理想的成绩。我多么希望再也不考试啊！那样就不会因为成绩不好而尴尬。"心理医生笑起来："你把考试看得太重要和残酷了。考试，不是为了让每个学生都争先恐后考出好成绩，而是为了让学生们检验前一段时间的学习成果。你可以这么想，如果你在考试之中有出色的表现，那么就证明你对此前的知识掌握得很好；反之，如果你在考试中遇到不会做的题目，成绩不理想，那么恰恰达到了考试的目的，

让你对于自己所学知识查漏补缺，从而有目的地弥补漏洞，让自己在下一次考试中有出色的表现，这岂不是既体现了考试的重要作用，又对你的成长和进步起到积极的推动作用吗？"经过心理医生的一番开导，艾米觉得确实是这个道理。但是她还很纠结："但是如果我考得很差，就会被同学们嘲笑。"心理医生说："只要你在考试之前认真复习，就不会考得很差。退一步而言，即使你真的考得很差，只要对比你之前有所进步，就是值得赞许的。放松心情，你会考得很好。"

在心理医生的指导下，艾米有意识地放松心情，也说服自己牢记考试的最初目的，从而不断努力，再接再厉，果然提升了复习的效率，考试成绩也由此得以提高。

现实生活中，很多孩子都特别畏惧考试，这是因为他们缺乏自信，不认为自己的所学能够禁得起考试的检验，也担心自己因为考试成绩不好而在同学面前丢人。其实，每个孩子参加考试只需要对自己负责，而不要过多在乎他人的眼光。很多时候，父母不恰当的横向比较也会无形中增加孩子的压力。父母要知道，每个孩子都是独立的生命个体，不同的生命个体之间没有可比性。最好的比较，是把孩子的现在与过去比较，从而发现孩子是否有进步。只要孩子跟自己相比有一定的进步，并且持续保持进步，那就是最好的。

除了在焦虑没有发生之前防患未然之外，还可以在焦虑发生之后，有效地控制焦虑。当然，这么做的前提是了解焦虑模式，也知道引起自身焦虑的主要原因是什么，才能解决焦虑问题。

不要过度追求完美

过度追求完美的人，很容易陷入焦虑状态无法自拔，这是因为他们追求完美，但是世界上并没有真正的完美，为此他们就会对自己感到不满意。尤其是青少年正处于人生的关键时期，难免会对人生充满各种不切实际的幻想，一旦再有完美主义倾向，就会更加困顿，因为追求完美而陷入过度焦虑之中。

青少年要知道，这个世界从来不是完美的，人生更不可能完美。既然如此，就不要对人生有过高的奢望，可以拼尽全力创造美好的人生，却不要总想人生会有绝对理想的状态。很多人误以为完美主义是追求完美的人对生命所怀着的愿景，却不知道完美主义更是一种思维方式。在这种思维方式之下，人们会陷入对完美的追求中，无限接近于完美，却始终对完美求之不得，因而陷入焦虑状态之中无法自拔。从哲学的角度看，学会放手，是让内心获得平静和安然的最好方式。俗话说，尽人事，知天命，就是要学会努力，更要学会放手，才能让心安然自在，远离焦虑。

最近，杰米常常陷入焦虑的状态之中。几乎每天下午，在进行一日小结的时候，他都因为对自己的一天不满意而感到心力交瘁。这是为什么呢？实际上，杰米非常优秀，之所以总是陷入焦虑的状态，就是因为过度追求完美。

杰米不允许任何错误的发生，做每件事情都力求尽善尽美。他学习成绩很好，但是他不允许自己有任何一次不得第一；他文采斐然，当很多同学都为写文章而感到头疼的时候，他觉得写作文是一种享受，但是他不能容忍誊抄作文过程中出现的错别字；他很喜欢踢足球，尤其擅长当守门员，但是如果偶尔一次因为防守不力而导致对方进球，他会懊丧好几天……生活中有这么多的不如意，渐渐地，杰米越来越焦虑，也因此频繁出现不明原因的头痛。为此，妈妈不得不带着杰米去医院检查。医生为杰米进行了全面检查，证明杰米非常健康，根本没有任何病症。在医生的建议下，妈妈又带着杰米去看心理医生。询问清楚情况之后，心理医生推断杰米患有焦虑症。接下来，心理医生还针对完美的问题与杰米展开讨论，发现杰米有严重的完美主义倾向。这个时候，医生拿出一支头上带橡皮的铅笔，问杰米："杰米，你知道这支铅笔上为何带着橡皮吗？"杰米摇摇头："不知道，大家不是都有橡皮吗，为何还要多此一举呢？"医生笑起来："那你能保证自己犯错的时候，手边一定有橡皮吗？"杰米想了想，摇摇头。医生笑起来，说："这个橡皮，就是为那些追求完美而有疏忽的人准备的。"杰米想了想，也情不自禁哈哈大笑起来。医生告诉杰米："每个人都不完美，每件事情也都不完美，所以不要追求完美，只要趋于完美即可。"

经过一段时间的心理治疗，杰米接受了每个人都不完美的现实，也渐渐地从过度追求完美的状态中摆脱出来。现在的杰米变得更加快乐，他对自己的每次小小进步都感到非常欣慰，也愿意在不断追求进步的过程中改变自己、证明自己。

第五章　焦虑的情绪如同一场流感，让每一个人都深受困扰

即使是成年人，在过度追求完美的过程中，也会陷入被动的局面，常常感到焦虑不安，也因此产生无力感，对生命的各种观点变得绝望悲观。作为青少年，对于人生怀有美妙的憧憬和幻想，但这并不意味着他们的所有幻想都会实现，更不意味着他们在生命的历程中始终都能如愿以偿。人生不如意十之八九，青少年也常常会遭遇命运无情地嘲弄，甚至在与命运博弈的过程中陷入胶着状态，徒增烦恼。如果青少年能够改变心态，意识到这个世界都是不完美的，依存于整个世界存在的人和事情不可能完美。这样，青少年才能放下心中的压力，信心十足地冲刺人生的目标。

青少年正处于成长的关键时期，心智发育不完全，对人生缺乏经验，这就注定了青少年在成长的过程中难免会遇到各种困境和阻碍。对于青少年而言，要做到拼尽全力，无怨无悔，也就是在付出所有的努力坚持到最后一刻之后，即使结果不尽如人意，也不要感到懊丧。归根结底，没有人可以完全合心合意地活着。所谓人生，无非就是取长补短、扬长避短。只有这样，青少年才能在成长的过程中持续努力，坚持进步。

你所担忧的事情十有八九不会发生

曾经有心理学家针对人们担忧的事情进行研究实验,他让实验对象把担忧的事情都写在纸上,并且在纸上标注姓名。然后,心理学家就把写满每个人忧虑的纸收走,让人们继续之前的生活。又过去一段时间,心理学家把人们集中起来,并且把写满忧虑的纸按照姓名提示分发给每个人,结果,这些人看着自己不久前写的文字,想起自己曾经担忧的事情,都哑然失笑。事实告诉人们,大多数人担忧的事情根本不会发现。或者即使有一两个人担心的事情真的发生了,事情的结果也未曾因为他们的担忧而有任何变化。这也就告诉人们,绝大部分担忧的存在都毫无意义,它们既不能阻止事情发生,也不能改变事情的发展趋势。正如一句网红语所说的,既然哭着也是一天,笑着也是一天,我们为何不笑着度过人生的每一天呢?换言之,既然担忧,事情要发生,坦然面对,事情也要发生,我们为何不能坦然面对很多的事情呢?所以,最重要的在于要理性面对事实,而不要陷入焦虑的情绪旋涡之中无法自拔。

很多人不知不觉就陷入焦虑的状态,每天都在担心,这无异于杞人忧天。当长期处于担心的状态之中,人们难免会感到焦虑,也情不自禁想要做点儿事情阻止自己担忧的事情发生。但是,人们常常会面对一些无法控制的情况,例如担心天会下雨,却不能改变天气状态。在这种严重的无力感和挫折感之中,人们就会从担心到焦虑,甚至引发抑郁。不得不说,有

第五章 焦虑的情绪如同一场流感，让每一个人都深受困扰

史以来，很多人都在因为各种各样的事情担心，但是担心从未真正帮助过他们。所以面对担心，要学会停止焦虑的方式，这样可以有效地停止负面情绪的生发和蔓延，也可以卓有成效地摆脱负面情绪，调整心态。这就是心理学上的停止思虑法。

最近，小米每天都陷入担忧的情绪之中，原来，他的爸爸正在调动工作。一想到爸爸要去新的地方工作，小米就愁眉苦脸，她常常问自己："我喜欢我的老师和同学，不想随随便便就转学，我也不想去新家。我是和爸爸妈妈一起搬家呢，还是留在这里呢？"在一次又一次的忧虑之中，小米的情绪变得越来越消沉、低落。妈妈发现了小米的不对劲，就带着小米一起去咨询心理医生，这才知道小米患了轻度抑郁症。小米之所以抑郁，是因为对未知的恐惧。她很清楚自己不想离开熟悉的生活环境，却无力改变，所以被无力感充斥着。为了改善小米的抑郁状态，爸爸安慰小米："小米，爸爸调动的事情还需要很长时间才能确定下来呢。而且，就算爸爸调动工作，也不需要你和妈妈一起搬家。你还可以留在这里，妈妈会始终在你身边照顾你，爸爸每隔一段时间也会回来看你。"

在爸爸的安抚下，小米渐渐意识到一味忧愁焦虑根本不能解决问题，最重要的是要摆正心态，坦然面对现实。经过一段时间的思考，小米告诉爸爸："爸爸，我现在不烦恼了。我也可以跟您与妈妈一起搬到新的地方，如果我想同学了就回来看她们。我也可以留在这里和妈妈一起生活，那样，如果您想我们了，就回来看看我们。"爸爸连声答应，小米心中释然，情绪也好转了。

在这个事例中，小米显然是因为爸爸调动工作的事情才引发焦虑，为

此她总是不停地琢磨着未来的生活也许会出现变动，弄得心神不宁，寝食不安，导致对自己当前的生活有诸多焦虑。幸好爸爸知道小米焦虑的根源，及时消除了小米心中的担忧，小米才能从焦虑状态中摆脱出来，从容应对未来的生活。

每个人在生命的历程中都不可能一帆风顺，总是会有各种各样的不如意，也常常会处在人生的困境中。青少年要想摆脱焦虑的状态，就一定要努力提升自己的心理承受能力。此外，也要意识到一个现实，那就是大多数人所担忧的事情未必会发生，所以要调整好情绪和状态，最大限度地激发生命的活力，也让自己更加坚定不移，勇往直前。青少年只有成为人生的强者，才能在成长的道路上有所成就，拥有充实精彩的人生。

适度运动,赶走焦虑的情绪

和抑郁的情绪一样,焦虑的情绪也会因为运动得以改善。不过,焦虑对于运动强度的要求,和抑郁情绪不同。很多抑郁患者需要大量高强度的运动,帮助自己从严重抑郁的状态之中抽离出来;焦虑和抑郁相比,程度没有那么严重,所以在运动方面也可以适当降低强度。心理学家经过研究证实,每一项体育运动都能有效降低焦虑水平,并由此得出一个结论:适度运动可以预防焦虑,或者即使焦虑已经发生,运动也可以减轻焦虑。因而,对于一个时常陷入焦虑情绪的人而言,与其坐在家里唉声叹气,不如增强运动,把运动当成生活的习惯,也可以最大限度地激发生命的活力,让生命始终昂扬向上。

对于青少年而言,更应该以运动为常态,坚持运动。一是运动有益于青少年增强体质,强健体魄;二是运动有助于青少年驱散焦虑情绪,保持精神振奋、昂扬向上的人生姿态。否则,陷入焦虑状态之中的青少年,就会如同霜打的茄子一样,不管做什么事情都无法真正提起兴致。这样一来,必然影响青少年的成长发育,也会导致青少年在成长的道路上速度减缓。

自从小妹妹出生之后,乐乐原本的生活就被打乱了。小妹妹尚在襁褓之中,时常哭泣,有的时候乐乐已经睡着,又被小妹妹的哭声吵醒。因为要照顾两个孩子,所以妈妈的精力大量透支,心情也变得烦躁。有的时候,妈妈向乐乐求助,如果乐乐没有及时给予妈妈帮助，妈妈还会对乐乐的表现很不满意，甚至训斥乐乐。渐渐地，乐乐陷入焦虑状态之中，甚至出现幻听现象，总觉得小妹妹在哭、妈妈在叫他！

后来，爸爸发现乐乐有幻听现象，就带着乐乐去心理门诊咨询。经过一番详细的询问，心理医生知道乐乐是因为心理压力太大才陷入焦虑状态，为此建议爸爸经常带着乐乐进行体育锻炼，缓解压力。果然，在和爸爸一起夜跑一段时间之后，乐乐的状态越来越放松，对小妹妹也充满了爱，还常常主动帮着妈妈分担家务活，照顾小妹妹呢！

运动，能有效缓解紧张焦虑的情绪状态，所以当青少年发现自己处于焦虑状态或者即将焦虑的时候，不如多运动，从而降低焦虑程度。运动不但能够减缓焦虑，还可以有效地发泄负面情绪，当人处于盛怒状态下时，不要急于发脾气，而是先以运动的方式帮助自己恢复平静和理智，这样对于解决问题才有好处。总而言之，人是感情动物，每个人在生命的历程中都会经历各种各样的情绪，与其因为焦虑而陷入被动的状态之中，不如调整好情绪，正面应对焦虑。当然，没必要对焦虑太过紧张，从本质上而言，焦虑就是人的一种情绪，是无可厚非的，也是可以积极主动改变的。当人能够悦纳自己，接纳世界时，内心就会多一分笃定，而不会无缘无故陷入焦虑状态。

如今，随着素质教育的提升，对于孩子身体素质的提高也逐渐提上日程。很多名牌学校不但关注孩子的学习成绩，也关心孩子其他方面的均衡发展。青少年朋友一定要经常进行体育锻炼，才能有效提高身体素质，改善情绪状态。爱运动，生命才会充满活力；爱运动，孩子们才会在成长的过程中收获更多！

合理规划时间，让一切秩序井然

作为成年人，当看到办公桌上的文件堆积如山时，你会觉得心情愉悦吗？当然不会，你甚至会狠狠地在心里骂一句：想不明白自己每天辛辛苦苦、兢兢业业，为何案头的工作从来不会减少呢？这还是在没有工作急需处理的情况下，如果工作急需要处理，有人总是催促和督促你，你一定会更加着急。其实，很多人之所以焦虑，是因为时间安排不合理，导致很多工作堆积下来，使得自己手忙脚乱，不知道如何更好地处理问题。

有些人在感到焦虑的时候，有一个很好的习惯，那就是收拾办公桌、整理家和大扫除等。为何越是心情焦虑，他们反而更愿意整理原本千头万绪的东西呢？从心理学的角度而言，他们在整理各种地方的时候，就如同在整理自己的心情，这能帮助他们尽快恢复平静，也可以让他们把内心的混乱状态梳理一番。与其说他们是在整理外界的环境，不如说他们是在整理自己的心。也许等到周围的环境打扫干净了，他们的心也变得清静了，到那时也就可以做到合理规划时间，把事情按照轻、重、缓、急进行合理划分，从而有的放矢地解决问题。

正如大文豪鲁迅先生所说的，时间是组成生命的材料，浪费时间相当于浪费生命。的确，每个人要想把握生命，首先要能够把握时间。如果任由时间从指尖悄然溜走，生命也会一去不复返。所以，青少年要想好好学习，抓住千载难逢的好机会提升和充实自己，就要珍惜时间，提高利用时间的效率。如果不能成为时间的主宰，而总是被时间追赶着往前狂奔，只会导致青少年在成长的过程中陷入被动的状态，手忙脚乱地浪费掉大量的时间。因此，要想不焦虑，青少年就要把时间安排得井然有序，合理利用每一分钟的时间，这样也就会把一切都做得更好。

　　乐乐是个相对比较慢性子的男孩子，也许是因为从小就在父母的照顾下无忧无虑地成长，所以乐乐也没有危机意识。为此，整个幼儿园期间，乐乐经常迟到，也因为缺乏时间观念，总是被老师批评。被批评的次数多了，乐乐的信心也受到了打击，同时也变得很焦虑。为了帮助乐乐改善这种情况，妈妈决定教会乐乐统筹安排时间。因为妈妈要照顾小妹妹，没有那么多时间陪伴乐乐，因此，妈妈对乐乐说："乐乐，你要学会安排时间。对待事情要划分轻、重、缓、急，先做重要且着急的事情，然后做不重要但着急的事情，再做重要的事情。至于不重要也不着急的事情，就可以先不做。例如，早晨起床洗漱，一定要抓紧时间，妈妈会把早点先给你准备好，这样你就可以在洗漱之后第一时间吃饭，然后去学校。至于一本课外书找不到这样的小事情，可以等到放学回家再去找，这样，就不会因为迟到而被老师批评了。"

　　傍晚放学回家，面对堆积如山的作业，乐乐很郁闷，他发愁地对妈妈说："妈妈，作业实在太多了！"妈妈安抚乐乐："你为作业发愁，只能导致自己焦虑，而不能解决问题。不如把作业一项一项列出来，从简单的开始做起，一项一项地完成，把明天不用交的作业留在最后，酌情完成。"在妈妈的提醒下，乐乐果然把作业按照轻、重、缓、急进行区分，他一项一项地完成作业，虽然花费了3个小时，但还是比预期的更早完成了作业。

第五章 焦虑的情绪如同一场流感，让每一个人都深受困扰

在这个事例中，因为不懂得安排时间，规划事情，乐乐常常陷入被动的状态。妈妈说得很对，与其发愁让自己陷入焦虑，不如一项一项按部就班地完成工作，这样才能让事情进展得更加顺利。

青少年要注意的是，要想合理安排时间，就要预先制订计划，如果等到事到临头再去仓促应对，只会导致自己非常被动。古人云，凡事预则立，不预则废，正是告诉我们对待每件事情都要提前谋划，只有未雨绸缪才能把事情做得更好、更完美。此外，在时间允许的情况下，做事情还要宁毋晚。有的孩子喜欢拖延，总是把事情都推迟到最后再去完成；相反，有的孩子则是不折不扣的急脾气，因而不管做什么事情都想赶在前面完成。这样万一在做事的过程中有什么问题，也因为时间还富余，还有回旋的余地和空间。制订计划的时候，既可以制订短期计划，也可以制订中长期计划。中长期计划是人生的目标和方向，短期计划是保证中长期计划得以实现的关键因素。所谓滴水成河，聚沙成塔，只要每天坚持按照计划去做事情，坚持点滴进步，最终肯定会获得更好的成长和发展。

为自己的思虑按下暂停键

很多人已经陷入忧思的状态而浑然不觉，自身备受焦虑的困扰却没有有效的解决办法。这是为什么呢？一是因为他们天性迟钝，二是因为他们没有意识到自己正在担忧的事情是毫无意义的。不得不说，长期的焦虑会给人的身心健康带来极大的影响，尤其是青少年心智发育不成熟，人生经验也很匮乏，更是要远离焦虑，才能让自己快乐幸福地成长。

从心理学的角度而言，大多数焦虑情绪严重的孩子，可能因为心思狭隘，也可能因为学识浅薄，所以对于人生缺乏深刻的认知。当然，罗马不是一天建成的，孩子的成长也绝非一蹴而就，孩子的成长是一个漫长的过程，当被焦虑侵扰时，就要学会停止思虑。很多人认为哲学家都不是很快乐，因为他们的心思复杂，想问题也特别深入。当然，深入是改掉肤浅的好方法，但是过于深入和执着，也常常让哲学家陷入思维的怪圈之中无法摆脱。青少年正处于成长的关键时期，对于生命的探索也在慢慢深入，在这种情况下，一定要学会为自己的思虑按下暂停键，这样才能最大限度地调整思维和情绪状态，让自己变得简单、纯粹。

最近，玛丽的爸爸调到中国区工作，他不得不在法国和中国之间频繁地奔波。原本玛丽就对飞机这种交通工具很担忧，现在爸爸又经常坐飞机，所以玛丽理所当然地担心起爸爸的安全问题。

第五章　焦虑的情绪如同一场流感，让每一个人都深受困扰

每次看到有飞机失事的报道时，玛丽就马上打电话给爸爸，以确定爸爸不在那架飞机上。有段时间，玛丽甚至无法很好地入眠，好不容易睡着，又在睡眠中惊醒。渐渐地，玛丽的焦虑表现越来越严重，在爸爸回到家里之后，玛丽当即恳求爸爸："爸爸，你还是不要去中国了，每次坐飞机太危险了。"尽管爸爸告诉玛丽飞机是世界上最安全的交通工具，玛丽还是不能释然。

有一天，玛丽无意间看到一篇关于停止思虑的文章。阅读文章之后，玛丽恍然大悟，原来焦虑本身并不存在，是因为我们不正确的想法才引发了焦虑，越是当思维深入的时候，焦虑越是驱之不散。要想戒掉焦虑的坏习惯，就要当机立断为自己的思维按下暂停键。

当然，在每个人的头脑中并不是真的存在这个暂停键，这个暂停键是虚拟的，虽然不存在，效果却非常好。当意识到焦虑即将产生时，有意识地按下暂停键，焦虑情绪就能戛然而止，也可以给当事人更多的时间去缓解情绪，疏散情绪。

有人说，心若改变，世界也随之改变。的确如此，当一个人以焦虑的心看待生活中的一切时，他就会觉得凡事都值得焦虑；当一个人以平静的心看待周围的人和事情时，他就能够保持淡然和从容，也不会因为紧张和局促而迷失自我。当被焦虑困扰的时候，不妨把注意力集中起来，想一想那些让自己身心愉快和放松的事情，也许焦虑的想法就会不攻自破。总而言之，不要被焦虑捆绑，更不要成为焦虑的俘虏，否则就会被焦虑征服。

超然物外，摆脱他人的问题

人与人之间存在很强的影响力，人们总是情不自禁地受到他人潜移默化的影响，这种影响力也许是他人故意为之，也许是他人无意为之。正因为如此，人们才说焦虑的情绪是会传染的，一个人的焦虑情绪很快就会蔓延到周围很多人的身上，也会在小团体之内对他人产生各种各样的影响。所以，作为生命主体，青少年既要避免因为自己的负面情绪而给他人带来消极影响，也要避免因为他人的焦虑情绪影响到自己。否则，焦虑就会像流感一样，在特定的人群之中产生交叉感染。

青少年正处于身心发展的关键时期，心智发育不成熟，人生经验匮乏，能力也有限，但是他们有着热情，同时又很无私无畏，尤其是在看到身边的人陷入困难之中无法解脱的时候，他们特别愿意伸出援助之手。在这种情况下，一开始他们只是在助人为乐，渐渐地也许就会被他人的问题影响，使自己也产生焦虑、紧张、不安的情绪。这就像是要去拉一个深陷泥沼的人，非但没有把对方拉出来，反而被对方拽进去。为了避免这种情况的发生，青少年在任何时候都要注意与他人保持适度的距离，这样才能保持内心平静，也才能在成长的道路上轻装上阵。

乐乐和朱朱是两个超级好的朋友，也是好同学兼好同桌。又因为他们的家在同一个方向，所以每天不管是上学还是放学，乐

第五章 焦虑的情绪如同一场流感，让每一个人都深受困扰

乐和朱朱都形影不离。经常有老师或者同学说他们好得就像一个人，的确，从感情的角度而言，他们比亲兄弟还亲。

有段时间，朱朱突然变得愁眉苦脸，乐乐很关切地询问朱朱原因，这才知道朱朱的爸爸妈妈要离婚了。乐乐很同情朱朱，但是他人生经验有限，遇到这样的问题，也不知道如何面对。每天放学之后，乐乐都会绞尽脑汁帮助朱朱想办法挽留父母的感情，有一天，想着想着，乐乐也不由得开始愁眉苦脸。朱朱看着乐乐伤心的样子，问："乐乐，你为什么不高兴呢？你的爸爸妈妈感情那么好，他们还给你生了小妹妹，他们一定不会离婚的。"乐乐说："但是，万一他们要离婚怎么办呢？"朱朱没有意识到乐乐已经陷入这个问题，出于本能安慰乐乐："不要胡思乱想了，你见过有哪对夫妻要离婚，还生孩子的呢？你应该感谢小妹妹，因为有小妹妹在，你爸爸妈妈绝对不会离婚。"听到朱朱这么说，乐乐突然脑中灵光一闪，喊道："不如让你爸爸妈妈也生个小妹妹或者小弟弟吧！"朱朱说："这个问题我早就想过了，但是他们不愿意生。"乐乐也没有办法了。但是自此之后，乐乐常常因为考虑爸爸妈妈离婚的问题而深感困扰，感到非常焦虑。

有一天，乐乐忍不住问爸爸妈妈："爸爸妈妈，你们会离婚吗？"这个时候，爸爸妈妈正合力给小妹妹洗澡呢，不由得对乐乐的这个问题感到好笑："你怎么会突然这么想呢？"乐乐担忧地说："因为我的同学朱朱的爸爸妈妈要离婚啊，是不是很多父母都会离婚？"妈妈恍然大悟，说："离婚，是父母的选择，和孩子没关系，就算父母离婚，也依然会很爱孩子。但是，我和爸爸不会离婚，你放心吧，我们还要一起把你和妹妹养大，看着你和妹妹成家立业呢！"乐乐还是不放心："妈妈，你保证吗？"妈妈点

点头，说："我当然保证。"就这样，妈妈好不容易让乐乐放下心来。

在这个事例中，乐乐原本是助人为乐，帮助好朋友朱朱排忧解难的，没想到，也许因为思考问题太投入，他反而陷入难题之中，也为此而感到焦虑不安。这种把自己代入难题的情况时有发生，尤其是青少年心思单纯，在帮助别人出谋划策的时候，往往把别人的问题当成自己的问题去对待。如此一来，就不难理解为何青少年会掉入他人的问题之中，引发焦虑，无法自拔了。

当因为他人的问题而焦虑不安时，要主动从问题中跳脱出来，保持清醒的头脑，这样才能站在客观的角度处理问题。否则，如果总是因此而紧张焦虑，日久天长，就会陷入习惯性焦虑状态，给自己的情绪带来负面影响。

第六章

抑郁的情绪就像阴云，始终笼罩在孩子的心头

近些年来，时常有关于抑郁症的报道。在自杀人群中，抑郁症患者占据很大的比例。大多数人都以为抑郁症只会侵蚀成年人的内心，却不知道抑郁症的魔爪也渐渐地伸向孩子。也许是因为学业压力过大，也许是因为家庭环境恶劣，也许是因为受到他人的误解、承受委屈。当这样压抑的情绪反复发生时，孩子们的心头就会飘来抑郁的阴云，导致他们无处可逃，无所遁形，只能默默地承受。直到某一天孩子心中的某一根弦突然断裂，就会造成不可挽回的恶果。

孩子也会患上抑郁症

近些年来,"抑郁症"这个词越来越多地出现在人们的生活中,渐渐地,抑郁症的魔爪不但伸向成年人,也伸向了孩子。很多青少年受到抑郁症的困扰,而父母作为成年人又缺乏对抑郁症的了解,或者误认为孩子根本不会患上抑郁症,因而对孩子的精神状态疏于管制和了解,导致孩子被抑郁症侵袭。随着时代的发展,各个年龄段的人都会有烦恼,抑郁症也不再是成年人的专利,而是越来越多地影响孩子的行为举止、精神和感情状态。

青少年正处于身心发展的关键时期,感情和心智都不够成熟,也无法全面地表达自己的情绪,因而抑郁的症状也不那么明显。儿童的天性原本就是健康活泼、无忧无虑,因而当孩子偶尔安静沉思时,父母有可能误认为孩子表现良好,从而感到一时的轻松。作为父母,一定要更加了解孩子,打开孩子的心扉,走入孩子的内心,这样才能最大限度地帮助孩子保持健康的情绪。曾经有儿童心理研究机构经过调查表明,在这个世界上,年纪最小的抑郁症患者只有3岁,不谙世事就开始抑郁,到底是为什么呢?而且,大概有5%的孩子有抑郁症的倾向,他们总是郁郁寡欢、闷闷不乐,也表现出不符合年龄阶段身心发展特点的深沉、暴躁、孤僻等情绪行为。有些抑郁症倾向严重的孩子,还会通过自残、离家出走等极端的方式伤害自己,伤害他人。

总而言之,孩子们在每个年龄阶段的身心发展特点都是不同的,对于

第六章 抑郁的情绪就像阴云，始终笼罩在孩子的心头

抑郁的表现也是完全不同的。由于孩子的语言表达能力差，还无法表达清楚自己的情绪感受，因而作为父母一定要关心孩子，了解孩子，密切关注孩子。只要父母多用心，还是可以发现孩子的异样的，也可以及时地对孩子展开心理干预，或者带着孩子求助于专业的心理机构，从而防患未然，让孩子美好快乐地成长。

最近这段时间，小薇明显表现出抑郁的倾向。以往对爸爸妈妈言听计从的小薇，现在只要听到爸爸妈妈提起学习，马上就会歇斯底里、瞪大眼睛、张大嘴巴，与爸爸妈妈理论一番。然而，小薇自认为理由充足的辩论，总是会被爸爸妈妈归结为无理狡辩三分。每当爸爸妈妈以此作为争论的结束，小薇都感到很绝望。

期中考试之后，小薇的学习成绩有一定的波动，为此妈妈对小薇大发雷霆，还当即给小薇布置了很多课外作业。小薇是一个特别有主见的孩子，从来不喜欢补课，为此妈妈也一直尊重她的想法，从不强求她补课。但是这次，妈妈坚决要求小薇必须完成课外作业，这让小薇抓狂。小薇磨磨蹭蹭，很久都没有完成课内作业，妈妈再三催促，最终忍不住说："小薇，我劝你还是不要自作聪明。你以为你拖延时间，就不需要完成课外作业了吗？我告诉你，就算是拖延到夜里12点，你也必须给我完成课外作业。"

一天天的，小薇的拖延情况越来越严重，而且对妈妈的抵触心理也越来越强。有一天，妈妈提出要检查小薇课外作业的完成情况，小薇说："我没写。"看到小薇理直气壮的样子，妈妈很生气，当即和小薇争吵起来。母女之间的争吵很快升级成动手，已经长得和妈妈一样高的小薇，甚至想要抬手阻挡妈妈，这使得妈妈更加生气。最终，小薇不顾一切地喊道："有本事你杀了我

啊。正好我也不想活了。我要穿着红衣服,从最高的大厦上跳下来,只要穿着红衣服,死了就能变成鬼来杀了你。"听到女儿说出这么疯狂的话,再想一想小薇最近总是郁郁寡欢、沉默不言,妈妈突然意识到小薇的心理状态也许不正常。妈妈伤心欲绝,找了个机会带小薇去看心理医生,心理医生居然说小薇有严重的抑郁倾向。

在这个事例中,小薇的抑郁倾向明显是因为学习压力过重和不满于爸爸妈妈强迫式的教学。又因为小薇平日里非常乖巧,总是习惯于听从爸爸妈妈的建议和安排,所以她反而会压抑自己的情绪,即使无形中委屈自己,也要让爸爸妈妈满意。这种负面情绪在小薇心中不断地累积,最终由量变引起质变,结果是小薇的心理状态持续改变,情绪也越来越紧张。长此以往,小薇自然出现抑郁症的倾向,终于在某一天爆发了,也让妈妈因为小薇那一番胡说八道的话而感到震惊和心痛。

近些年来,发生了很多起青少年因为内心抑郁做出过激举动的事件,甚至有的孩子选择跳楼自杀等方式宣泄对这个世界的不满。不得不说,这都是因为孩子平时郁积于心的负面情绪没有得到及时合理的宣泄。作为青少年,要理性认知自己的情绪状态,必要的时候应该主动向父母求助。作为父母,也要时刻关注青少年的全面表现,尤其是发现孩子的情绪情感和精神状态出现异常时,一定要及时采取措施,及时解决问题,避免事情发展到无法挽回的地步。

第六章　抑郁的情绪就像阴云，始终笼罩在孩子的心头

家庭环境是孩子心态健康的根本保障

　　孩子为何会患抑郁症呢？这是让很多父母百思不得其解的问题。在父母的心中，他们认为孩子生活得很惬意，吃喝不愁，衣食无忧，而且在父母的照顾和呵护下快乐地成长，无须承担生活的压力。偏偏就是在父母这样的误解中，孩子正在遭受抑郁症的侵袭，与同学相处不好，孩子们感到抑郁；与父母处理不好关系，孩子们感到抑郁；考试没考好，孩子们感到抑郁；遭到他人的误解无法解释，孩子们也会抑郁。不得不说，现代社会生存压力巨大，为此，父母们想方设法不让孩子输在起跑线上，也对孩子们提出了更高的要求。孩子们不但要完成学校里繁重的作业，还要赶着时间去上各种课外班，回到家里点灯熬油继续完成作业。但是，这相当于把压力转嫁给孩子，导致孩子压力过大，也因此失去了快乐童年，失去笑容，失去本该有的童真，而变得越来越压抑。在这种情况下，孩子的内心渐渐地发生变化，父母却依然一厢情愿地认为孩子是条龙，继续给孩子施加压力。最可悲的在于，作为父母根本不知道孩子心中的所思所想，当孩子选择以轻轻一跳结束生命时，父母却一脸茫然，压根不知道发生了什么事情。

　　对于孩子而言，家庭环境是他们赖以生存的环境，为此，孩子是否拥有快乐的童年，将来长大成人能否拥有充实的人生，在很大程度上取决于家庭对于孩子的影响和塑造。众所周知，每个孩子刚刚出生的时候如同一

张白纸，洁白无瑕，染之黄则黄，染之苍则苍。可想而知，家庭环境对于孩子的影响多么大。在这种情况下，父母要为孩子营造良好的家庭环境，尤其要注意在保证家庭环境健康安定的情况下，还要尽量给孩子积极正向的暗示。否则，作为父母如果整日唉声叹气，动辄把抑郁挂在嘴边，孩子怎么可能有健康明媚的心态呢？只有父母远离抑郁，不把抑郁挂在嘴边，孩子才能健康快乐，远离抑郁。

自从离婚之后，妈妈独自带着黄依生活。虽然离婚的时候，妈妈付出很大努力才争取到黄依的抚养权，但是在妈妈接二连三的抱怨声中，已经懂事的黄依不由得开始怀疑妈妈的动机，甚至误以为妈妈是为了能够继续控制爸爸，才非要争取到自己的抚养权的。

每当家里来客人的时候，只靠着爸爸的抚养费生活而不愿意外出工作的妈妈，总是马上鼻涕一把泪一把地开始对客人倾诉："你说说，老黄有多么没良心。我嫁给他的时候，他只是个一无所有的穷小子，结婚的房子还是我父母出钱买的呢。我大学毕业就嫁给他，为他生儿育女，从不抱怨，成为他背后的女人。现在他有钱了，一脚就把我踹开了，简直没人性。我抚养女儿，和他要点儿抚养费，他都各种不情愿。我现在真是郁闷死了，活着有什么意思呢？"听妈妈这么说得多了，黄依不由得厌烦起来，不止一次地想到：难道我是累赘吗？你当初不想养我，为何要争取我的抚养权呢？每次话到嘴边，黄依都勉强忍住，控制住自己的嘴巴。直到有一次，黄依的好朋友来家里玩，妈妈还是这么说，黄依忍不住爆发："真想不明白，你当初不想养我，为何要争取我的抚养权啊？就你这种怨妇的样子，别说爸爸烦，我都快烦死了。"

第六章 抑郁的情绪就像阴云，始终笼罩在孩子的心头

为此，妈妈和黄依大吵了一架，还责骂黄依是白眼狼。

后来，妈妈接连几天不理黄依，黄依郁闷不已。在一个清晨，黄依留下一张纸条，离家出走。妈妈懊悔不已，四处寻找黄依，却没有结果，后来在黄依的日记里看到："我得抑郁症了，觉得活着没意思，如果一个人整天告诉你，你是个累赘，你活着还有什么意思呢？我再也不想留在这个死气沉沉的家里了。"看到日记，妈妈才知道自己的抱怨给黄依带来多么严重的影响。

在这个事例中，黄依原本是个健康快乐的孩子，并没有因为父母离婚而产生心理创伤。她之所以患上抑郁症，是因为妈妈总是在她面前抱怨，也总是把活着没意思挂在嘴边，所以无形中给黄依造成了严重的负面影响。

作为父母，除了要满足孩子吃喝拉撒等方面的生理需求之外，更要拼尽全力满足孩子心理和感情上的需求。很多父母都意识不到家庭环境对于孩子成长的重要作用，打个比方，家庭环境之于孩子，就像水之于小鱼，如果没有洁净的水，小鱼能活下去吗？同样，如果没有良好的家庭环境，孩子能够健康成长吗？很多人在准备要孩子之前都会进行各种各样的准备工作，却不知道最重要的准备工作是调整好心态，在言行举止方面收敛自己，给予孩子更好的成长空间。否则，即使再多的物质和金钱，对于孩子而言也是远远不够的。

当家里有青春期孩子的时候，父母要认识到青春期孩子的心理状态容易陷入波动之中，情绪也常常起伏不定，因此父母一定要谨言慎行，避免带给孩子毫无意义的刺激，导致孩子的成长陷入困境。特别是在这个抑郁

高发的时代，父母一定要随时关注孩子的内心状态，尽量避免在孩子面前说起抑郁，唯有如此，才能给予孩子积极正向的引导，为孩子营造健康的成长环境。

第六章　抑郁的情绪就像阴云，始终笼罩在孩子的心头

多晒太阳让孩子"发霉"的心情变得温暖

现代社会尽管抑郁症高发，但是大多数人对于抑郁症还是一无所知。假如有人告诉你多晒太阳能治疗抑郁症，你会怎么想？你一定对此嗤之以鼻，觉得所谓晒太阳治疗抑郁症根本是无稽之谈。仔细想想，抑郁症岂不是和心情之间有密切的关系吗？心情好了，离抑郁症自然就远了；心情不好，抑郁症自然招之即来。此外，对于孩子们而言，如果白天他们能够在阳光下自由自在地活动，亲近自然，消耗多余的精力，那么晚上他们一定会拥有一个好的睡眠。从这个角度来说，多晒太阳当然会对抑郁症有好处。晒太阳，不仅可以让身体得到更多阳光的滋养，还可以让孩子原本"发霉"的心情也被照得如同蓬松的棉花被一样，温暖芳香。

现代社会，在城市里居住的孩子，与阳光、土地、春风、细雨等接触的机会越来越少，大多数时间里，他们都被关在钢筋水泥的城市森林里，根本无法出来看看外面的世界。同时，孩子们的活动量不但越来越少，而且成长的节奏也变得缓慢。还有，如今的孩子患近视的越来越多，体格瘦弱的越来越多，在成长的过程中陷入焦虑的也越来越多。为了帮助孩子健康快乐地成长，很多父母煞费苦心地为孩子搭配营养餐，也想方设法地为孩子提供各种便利的成长条件，孩子却依然羸弱。

期末考试，叶欣发挥失常，成绩很不理想。为了改善叶欣的

状态,帮助叶欣找回信心,妈妈想出很多办法,但是都收效甚微。正巧,远居山里的姥姥来城里看望全家人,看到叶欣如同霜打的茄子一样蔫头耷脑,不由得感到心疼。姥姥主动对妈妈提出:"让叶欣和我去山里住一段时间吧。"妈妈有点儿担心:"但是我请不下来假。"姥姥说:"要你请假干什么,不是还有我吗?我会照顾她的。而且你跟着一起去,她也放松不下来。"妈妈担忧地说:"自从期末考试之后,她就如同霜打的茄子一样,我都怀疑她有抑郁症了。"姥姥说:"胡说呢,这么小的孩子哪里来的抑郁症。你交给我,去山里住两个月就好了。"看着叶欣愁眉苦脸的样子,妈妈实在也没有好办法了,只得同意姥姥的做法。就这样,姥姥把叶欣带回了山里。到了姥姥家,叶欣每天都和姥姥下地干活,去山里采摘野果,有的时候还去小溪里捕鱼。

原本,妈妈还为叶欣准备了两瓶防晒霜,但是姥姥都不让叶欣用。两个月下来,叶欣完全放下考试的事情,心情好极了。她的皮肤晒得黝黑,脸颊就像两个红苹果一般明艳照人。看到叶欣的第一眼,妈妈简直不敢认识,又看到叶欣的心情非常好,妈妈觉得很欣慰。妈妈惊喜地问姥姥:"妈,你是怎么把欣欣治好的?"姥姥得意地说:"治什么治?孩子好着呢,就是晒太阳少。以后每到放假,你就把她送回家晒太阳,山里的太阳好。"

叶欣考试失利,心情郁郁寡欢,来自山里的姥姥不懂得那么多道理,唯独知道孩子一定要多晒太阳。为此,姥姥把叶欣带回山里晒太阳。果然,两个月下来,叶欣虽然黑壮了些,却更加健康,身心愉悦。

晒太阳的时间少,容易抑郁,并不是人们无端的猜想,而是有科学依据的。心理学家经过研究发现,每当冬季到来,随着日照时间变短,孩子们晒太阳的时间越来越少,他们体内的"松果体"腺体就会变得异常活跃,因而分泌出大量的激素。因为激素的分泌超过正常水平,所以甲状腺的浓度和细胞的活跃程度就会受到影响。如此一来,孩子的生理变化引起心理变化,他们不但浑身乏力,而且内心也会感到非常郁闷,因而行为上也出现各种变化。从这个角度来看,不管是年幼的孩子,还是渐渐长大的青少年,抑或是成年人,当感到心情郁郁寡欢的时候,不如多晒太阳,这样不但可以增强体质,还可以娱悦身心。

当然,孩子不但需要真正的阳光照射,还需要来自家庭的阳光照射。孩子如果能够得到双重阳光的充足照射,就会更加健康快乐地成长。需要注意的是,如今很多父母热衷于给青少年补钙,希望青少年有强壮的身体。殊不知,在漫长而又寒冷的冬季,孩子的新陈代谢变得缓慢,如果摄入过量的维生素D,身体却无法将其快速代谢,孩子体内就会淤积大量的维生素D,甚至会导致维生素D中毒。这样一来,孩子的精神就会萎靡不振,食欲大大减退,情绪也会处于低落消沉的状态。总而言之,孩子的成长要遵循自身的规律,父母既不要揠苗助长,也不要过度保护,唯有让孩子如同山野里的一株青松那样挺拔向上,孩子才能吸收阳光雨露和天地精华,最终成长为参天大树。

学会放下父母的烦心事

孩子懂事太早，好不好？对于这个问题的答案，仁者见仁，智者见智。父母往往觉得孩子应该懂事，这样不但可以减轻父母教养孩子的难度，也可以让孩子为父母分担。但是也有的父母说，孩子过早懂事，会给自身的成长带来巨大的压力，这是因为孩子的心灵非常稚嫩，如果过早地背负父母的烦心事，就会导致在成长过程中陷入困境。后一种说法是非常有道理的，因为很多孩子并不能理解父母所处的成人世界，而当他们过于为父母的烦心事忧愁，除了徒增烦恼之外，并没有什么作用。从这个角度而言，孩子应该学会放下父母的烦心事，在这个社会上，每个人都有自己的角色，在一个家庭里，每个家庭成员也有自己肩负的责任。孩子最重要的任务就是健康快乐地成长，而不是过早地背负成人世界的重担。

越是乖巧懂事的孩子，越容易在不知不觉中就背负属于父母的烦心事。孩子的心思原本应该简单快乐，而不应该那么沉重。当然，对于青少年而言，他们比起儿童已经渐渐长大，所以时常会参与家庭事务，也知道父母的烦恼。孩子自主地为父母分担忧愁，父母当然会很欣慰，也可以让孩子力所能及地出一份力。但是如果孩子暂且没有这样的意识，父母在背负沉重家庭压力的同时，千万不要抱怨孩子，更不要指责孩子不能为父母分忧解难，否则会让孩子产生内疚感和负罪感，觉得自己百无一用。

第六章 抑郁的情绪就像阴云,始终笼罩在孩子的心头

静静从小就是个懂事的孩子。她的爸爸是个酒鬼,特别爱喝酒,已经到严重嗜酒的程度,日常生活中喝醉的日子比清醒的日子多得多。为此,静静从小就缺乏安全感。有的时候,妈妈会当着静静的面抱怨爸爸,也常常对静静说:"静静,我都是为了你才继续忍受这个酒鬼,否则我早就寻死了,不死也去流浪,不过这样受罪的日子。"妈妈说的次数多了,静静渐渐地忧郁了:是我拖累了妈妈,让妈妈过这样非人的日子。为此,静静从小对于妈妈就有愧疚的感觉,也总是觉得内心压抑,甚至喘不过气来。

眼看着要参加高考,静静学习成绩非常优秀,完全可以报考上海、北京等地的名牌大学。但是一想到要离开"相依为命"的妈妈,让妈妈独自和酗酒的爸爸生活,静静就觉得于心不忍。为此,她和妈妈商量:"妈妈,我想报考市里的师范院校,这样我就不用离家很远,周末还可以回来看您。不然,走得太远,我不放心您。"听到静静这么说,妈妈很感动,也特别心疼:"静静,你不要过多地考虑妈妈,你的学习成绩这么好,妈妈不能耽误你。而且,就算你以后留在大城市,妈妈也可以去你的身边。"静静始终犹豫不决,在妈妈的再三劝说下,才下定决心报考大城市的名牌大学,而且向妈妈保证自己一定会好好学习,将来出人头地,把妈妈也接到大城市享福。

孩子心思太重,未必是一件好事情,过度的孝心会禁锢孩子飞翔的翅膀,又因为心智不成熟,看得不长远,所以孩子往往会为了孝敬父母而做出错误的选择。幸好妈妈还是深明大义的,没有为了把静静留在身边就同意静静报考师范院校,而是支持静静报考大城市的名牌大学,让静静拥有更好的前途。即使在今天,虽然学生们的出路多了,但是考取名牌大学,

依然是学生最好的归宿。父母要注意，不要让孩子背负过于沉重的家庭负担，在可能的情况下，要给孩子更大的空间去自由地飞翔，这样孩子才能拥有更加美好的未来。

在社会生活中，每个人都有每个人肩负的责任和义务，父母如是，孩子如是。在一个家庭里，只有分工明确，各个家庭成员之间才能更好地合作。作为父母，不要给孩子背负沉重的负担；作为孩子，也可以适时地把父母的烦心事放下来，让独属于自己的人生更加轻快自由，获得广阔的成长空间，拥有精彩充实的人生。

第六章　抑郁的情绪就像阴云，始终笼罩在孩子的心头

压力太大，抑郁如影随形

现代社会，生存压力越来越大，父母要做好工作，照顾好家庭，倍感生活的艰辛，为此对于孩子总是寄予厚望。为了不让孩子输在起跑线上，父母不仅不惜花费重金给孩子报名参加各种各样的兴趣班、特长班、补习班，还会要求孩子必须加倍努力。殊不知，尽管孩子的潜力是无穷的，但是孩子的内心也是脆弱的，正处于成长过程中的孩子，需要父母的呵护，才能身心快乐、健康茁壮地成长。作为父母，无论多么望子成龙，也要把握好督促孩子进步的力度，这样才能面面兼顾。如果父母是把孩子当成学习的机器，除了逼着孩子要成绩之外，对于孩子的成长从来不关注更多，只会导致孩子压力山大，甚至对成长失去信心。

尤其是对于青春期孩子而言，他们原本就处于身心快速发展的阶段，又因为激素的大量分泌，导致他们情绪容易冲动。在青春期，父母一定要与孩子进行顺畅的沟通，时刻关注孩子的心理发展和情绪变化，随时关注孩子各个方面的动向，对孩子进行全方位的监管。不可否认，随着年龄的增长，青春期孩子比儿童阶段的心事更多，也正处于学业压力最大的阶段。父母固然要关注孩子的学习情况，更要关注孩子的心理状况和情绪状态。在教养孩子的过程中，很多父母压根不知道孩子正处于抑郁的情绪状态，直到孩子做出消极的举动，甚至伤害自己，父母才恍然大悟，追悔莫及，可惜为时晚矣。

最近，正在读初中的林丹倍感压力，觉得连气都喘不过来，也觉得人生的天空布满阴云，天上的云彩就像吸满了水的棉花，轻轻一拧，就能拧出水来。这是为什么呢？原来，林丹最近成绩不太好，为此妈妈总是批评林丹。尤其是这次期中考试，林丹的成绩有很大的退步，从班级的十名左右下降到班级的二十七八名。看到这样的成绩，妈妈无法接受，又因为还有一年就要参加中考，妈妈更是不能控制心中的怒气，对林丹冷嘲热讽。

有一天，林丹因为作业完成情况不好，被老师要求叫家长。可想而知，她又被妈妈狠狠地批评了一通。离开学校的时候，妈妈还气鼓鼓地对林丹说："你给我等着，看我回家怎么收拾你！这么大的姑娘，怎么就不知道爱惜面子呢，这样被人说来说去的有脸面吗？"妈妈走了，林丹万念俱灰，眼看着放学的时间越来越近，林丹一时想不开，居然从五楼跳了下去。尽管老师们及时拨打120急救电话，把林丹送到医院抢救，但是林丹陷入昏迷的状态，始终没有好转。妈妈懊悔不已，一直守候在林丹的身边忏悔："闺女啊，你快醒来吧，妈妈不再逼着你学习了，你不上学也行，只要你健健康康的就行。"在生命的威胁面前，很多父母都希望孩子能够健康。然而真正面对一个健康的孩子时，难道父母不能降低一下对孩子的要求和期望吗？与其等到不能挽回时再忏悔，为何不能珍惜孩子健康快乐的时光，还给孩子一个幸福美好的童年呢？

不可否认，现代社会每个人都承受着巨大的压力，陷入教育焦虑状态的父母，更是如此，并且会在无形中把压力转嫁到孩子身上。为了让孩子

第六章 抑郁的情绪就像阴云，始终笼罩在孩子的心头

拥有健康美好的未来，父母理应更加照顾孩子的情绪状态，关注孩子的心理健康，否则一个心理扭曲的孩子，即使掌握再多的知识和技能，又有什么用处呢？

父母因为在打拼的过程中，深切意识到现实的残酷，所以他们总是对孩子寄予过高的期望，却不知道孩子的身心都处于发展之中，心智发育还不够完善，根本无法承受过大的压力，父母在督促孩子成长和进步的过程中，要采取更加适宜的方法帮助孩子们健康成长，而不要一味揠苗助长，最终反而摧残了孩子的身心健康。正如人们常说的，健康的身体是1，其他的一切都是0。唯有在1的后面，0才有意义，否则0就是虚无缥缈的。对于孩子而言，健康不仅仅包括身体健康，更重要的是心理和情绪健康。父母要成为阳光，给孩子爱的滋养，同时帮助孩子驱散生命中的乌云，让孩子始终积极乐观、开朗向上。唯有如此，孩子才能拥有充实而又精彩的人生，也才能在成长的过程中呈现出最好的状态。

适度自尊，不被敏感伤害

青春期孩子正处于快速成长的阶段，因为体内激素的大量分泌，所以他们情绪很容易冲动，自尊心也异常强烈。很多孩子都因为自尊心过于强烈，也因为内心敏感脆弱，而陷入抑郁状态之中。举例而言，在人际交往中，人多嘴杂是必然的，如果青少年对于他人无心说出来的话过度敏感，那就不好了。常言道，说者无心，听者有意，就是因为听话者过于敏感，才导致别人说完话之后完全抛之脑后，敏感的青少年却依然牢记心怀。此时，青少年不是为他人的无心之言所伤害，而是被自己的过度自尊和敏感伤害。

适度自尊，对于青少年缓解抑郁情绪很有帮助。对于别人说过的话，尤其是那些让自己不愉快的话，与其牢牢记在心中，还不如让它们随风而去，从而让自己保持一颗清净的心。人都是群居动物，孩子在成长的过程中随着社会性越来越强，难免会与更多人接触，成长的环境也从简单纯粹的家庭环境，发展为复杂的社会环境。当青少年习惯了被父母无条件地满足时，一旦提出的要求被拒绝，或者受到挫折，他们难免会陷入沮丧的情绪之中。所以，明智的父母在青少年的成长过程中，要有意识地拒绝青少年，适当地给予他们的成长的挫折和压力。现代社会，大多数家庭都只有一个孩子，孩子得到的爱并非太少，而是太多，所以挫折教育成为如今家庭教育不容忽视的一课。当然，随着不断成长，青少年也渐渐更加懂得道理，

第六章 抑郁的情绪就像阴云,始终笼罩在孩子的心头

那么在成长过程中,青少年自己也要有的放矢地增强自身的实力,提升自己对抗压力和挫折的能力,从而让一切都朝着好的方向发展。众所周知,人生不如意十之八九,青少年在成长的过程中不可能永远一帆风顺,所以,不仅父母要调整孩子的内心状态,青少年自己也要有意识地战胜苦难,获得勇气。

在人际交往中,如果青少年自尊心过度强烈和敏感,就会受到很多事情的伤害。例如,没有如愿以偿地得到他人的认可和尊重,在提出要求的时候被他人拒绝,这些都有可能导致青少年陷入沮丧的情绪之中无法自拔。实际上,人在一生之中,要想得到他人的尊重和认可,需要漫长的过程。此外,被拒绝也是人生常态,在这个世界上,再也没有人会像父母一样对我们有求必应、言听计从,为此青少年要学会接受社会生活的常态,从而调整好情绪,理智面对生活、接纳生活。

在初中之前,小茹的人生处于一帆风顺的状态,她是家里的独生女,从小在父母的呵护下成长,从未遭遇过任何风雨和挫折。然而,初中之后,小茹敏感地觉察到人与人之间的关系很复杂。例如,老师并非小茹曾经崇拜的那样是公平和正义的化身,而是会有所偏爱;同学也不再那么心思单纯,而是会常常拒绝小茹提出的请求。

有一次,小茹和平日里交往密切的一个同学提出借用一个文具,对方却不以为然地说:"对不起,我还要用呢!"这样的拒绝听起来很有礼貌,却有一种拒人于千里之外的冷漠感,为此小茹很失望,也不知道接下来要如何继续和这位同学相处,是疏远,断绝交往?还是一如既往?小茹陷入沮丧的情绪之中,闷闷不乐。妈妈看到小茹垂头丧气的样子,询问小茹原因,小茹这才失望地

讲述了事情的经过。出乎小茹的意料，妈妈对此觉得很正常，她对小茹说："文具是同学的，不是你的，同学肯定要先保证自己的使用，然后才会帮助你。如果恰巧她自己要用，不愿意借给你也是正常的。或者同学只是因为过分爱惜文具，不愿意借给别人，这也是人之常情。你为何不反思自己忘记带文具的事情呢？如果你以后每天都检查书包，这样的情况就不会发生了。"听到妈妈这么说，小茹一开始还觉得不能接受，后来仔细想想的确是这个道理，也就释然了。

青春期孩子的感情非常单纯，他们常常一厢情愿地觉得自己与某个人的关系非常亲密，感情特别深厚。其实等到关键时刻一经考验，他们就会发现一切和他们想象的并不一样。这样的心理落差，让青少年感到难以接受，也会因此觉得感情上受到伤害。等到事情发生的次数多了，他们的自尊渐渐地没有那么强烈了，才能从容地接受类似的情况发生。

在被拒绝了之后，青少年不但要战胜失落和沮丧的情绪，还要鼓起勇气再接再厉。青少年提出请求无非是为了满足自己的需要，或者是为了战胜困难。如果某件事情的确是他们凭着一己之力不能做到的，那么即使一次两次遭到拒绝，也可以发挥不达目的誓不罢休的顽强精神，继续争取和努力。如果这个求助对象不愿意伸出援手，青少年还可以调动自身的人脉资源，从其他交往对象那里获得帮助。如此一来，青少年才能如愿以偿地在他人的帮助和协助之下实现最初的心愿，可谓皆大欢喜。

适度锻炼，抵御抑郁的侵袭

很多细心的青少年朋友会发现，不管是在现实生活中还是在影视剧中，很多人一旦感到情绪抑郁，就会选择进行体育锻炼，或者进行一定强度的户外运动，诸如爬山、远足等。这是为什么呢？科学研究证明，适度进行体育锻炼，可以促使人体合成一种化学物质，这种化学物质能够有效驱散抑郁，提升人的情绪。所以当心情抑郁的时候，人们常常选择锻炼的方式放松自己，让自己的身体因为运动而酣畅淋漓，似乎体内的那些忧郁物质也随之烟消云散。因此，为了保持良好的心情，除了在必要的时候以运动驱散抑郁情绪之外，也可以在日常生活中始终坚持适度运动，把运动当成生活的常态。这样一来，不但可以保证身体处于健康状态，也可以让情绪处于良好的状态，可谓一举两得。

此外，酣畅淋漓的运动还可以以有形的方式消耗巨大的压力，让压力烟消云散。当然，运动对于身体健康的促进和保证作用无须赘言，这里重点讲述的是运动对于抵御抑郁侵袭的重要作用。在运动的过程中，操纵力量的感觉也会帮助青少年找回自信，让他们切身感受通过运动可以操控身体、掌控心灵。这样一来，青少年才能消除内心的压力，摆脱消极负面的情绪，勇往直前，努力奋进。强壮的身体，可以有效提升生活的质量。青少年在运动过程中找回自信，获得勇气，也因为坚持运动而磨炼自己的意志力，让自己变得更加坚韧、顽强。

在坚持运动的过程中，青少年还可以发泄多余的精力，从而消耗体力，让自己拥有好睡眠。运动不但能够强壮青少年的心脏，降低青少年的血压，而且对青少年整个健康情况都会起到积极的改善作用。尤其是在遭遇失败的时候，青少年更是需要通过运动找回自信，也可以通过高强度的运动挑战和突破自身的禁锢。这样一来，青少年才会感受到生命的理性，也才会以顽强的毅力面对生命中的一切坎坷挫折和不如意。

最近这段时间，妈妈发现婷婷时常陷入抑郁的情绪之中无法自拔。有的时候，婷婷会呆呆地坐着，脸上也常常出现凄苦的神色。一开始，妈妈对于婷婷的表现很不理解，总觉得婷婷作为家里的独生女吃喝不愁，生活条件优渥，为何总是这样不知足呢？一个偶然的机会，妈妈参加了关于青少年心理卫生的讲座，这才知道青少年患有抑郁症，并不是因为对生活的物质条件不满意，很有可能是多种因素导致的。妈妈越是听讲座越是心惊胆战，不由得对号入座，觉得婷婷正处于抑郁状态。

讲座之后，妈妈还特意咨询心理专家，确定婷婷只是有抑郁的倾向，只要多加引导，多多关注，就可以避免患上抑郁症。为此，妈妈决定采纳专家的建议，采取运动疗法改善婷婷的情绪状态，这样也可以避免惊动婷婷。为此，每到周末，妈妈就会组织全家进行户外活动，或者去爬山，或者几个家庭去郊外野餐。有的时候，妈妈还会邀请婷婷要好的同学一家也参加。渐渐地，婷婷的心情好了起来，原本木讷呆滞的模样不见了，又回到以前机灵活泼的状态。妈妈这才松了一口气，还给自己和婷婷办理了一张健身年卡，在天气状况不好的时候，带着婷婷一起去健身馆运动。

后来，婷婷不但情绪状态得以改善，而且还拥有了健康的身体，

第六章 抑郁的情绪就像阴云，始终笼罩在孩子的心头

原本经常会被头疼感冒等小毛病困扰的婷婷，已经基本远离生病了，这可真是意外收获啊！

在这个事例中，妈妈还是比较敏感的，看到婷婷常常陷入忧郁的状态，马上开始关注婷婷的心理健康和情绪状态。在听完青少年心理卫生的讲座之后，妈妈更是抓住机会咨询心理专家，从而有的放矢地以运动的方式帮助婷婷驱散不良情绪，也帮助婷婷找回了心中的阳光。

青少年内心敏感，感情细腻，很容易因为各种原因而陷入惶恐的状态之中无法自拔。为了改善青少年的这种状态，父母可以引导青少年多运动，青少年自身也可以有意识地进行运动，在挥汗如雨的运动过程中发泄内心的压力，有效改善抑郁的情绪。如此，青少年才能健康快乐地成长！

第七章
恐惧就像无法摆脱的噩梦，让孩子无法诉说、苦不堪言

提起恐惧，很多人都会与心理疾病等联系起来，也因此对恐惧产生误解。实际上，恐惧并没有那么可怕，它是人的本能情绪之一。孩子在漫长的成长过程中，难免会产生恐惧的情绪，这是因为他们对生命有太多的未知。在通常情况下，适度的恐惧情绪是合理存在的，如果恐惧覆盖范围很广，而且持续时间很长，甚至对于很多不值得恐惧的事物也会非常恐惧，那么就有些恐惧症的倾向了。在这种情况下，恐惧对于孩子就像噩梦一样无法摆脱，让孩子苦不堪言，又不知道要如何消除恐惧。

孩子为何常常感到恐惧

恐惧是人与生俱来的。例如，年幼的孩子在爬到悬空的地方时，就会停止爬行，从而保证自己留在安全的地带。正是本能的恐惧在保护孩子，让孩子在成长的过程中保证自身安全。那么，孩子本能的恐惧来自哪里呢？很多父母都百思不得其解，不知道孩子在恐惧什么，因为孩子恐惧的很多事物，在成年人眼里根本不值得恐惧。为了弄清楚孩子的恐惧从何而来，心理学家针对孩子的恐惧行为进行研究，发现人类的恐惧情绪是一种本能，是不折不扣的上古情绪，有着悠久的历史。除了恐惧之外，人类的其他情绪，包括一些复杂高级的情绪，则是人类在后天的生存过程中，结合时代的发展和社会的文化背景繁衍出来的。

从心理学的角度来看，人之所以会感到恐惧，就是因为对于未知的事物不够了解。例如，婴儿在第一次扎针的时候，起初并不知道哭泣，等感受到针头进入身体的冰凉和刺痛时，他们才陷入恐惧之中，撕心裂肺地哭泣。成年人也是如此，对于自己未曾经历的事情，同样会感到恐惧，例如挑战性极强的蹦极，就有很多成年人不敢尝试。其实，这倒不是因为胆子小，更有可能是对生命的敬畏。人对于未知事物的恐惧，也是出于一种敬畏，这种敬畏之情表现在现实生活中就是深深的恐惧。这样一来，就不难理解孩子为何常常感到恐惧：年幼的孩子怕黑，是因为他们不知道黑暗之中隐藏着怎样的危险；怕狗，是因为不知道狗会不会攻击他们。随着渐渐长大，

第七章　恐惧就像无法摆脱的噩梦，让孩子无法诉说、苦不堪言

孩子进入青春期，偶尔会表现出无知者无畏，却依然对很多事情心怀敬畏。很多父母觉得孩子胆小，因而训斥孩子，殊不知，孩子胆小并非坏事。孩子唯有胆小，才能对很多事情心怀敬畏，也才不会肆无忌惮地做出出格的事情。

除了本能的恐惧之外，孩子的恐惧也可能是习得性恐惧。众所周知，初生牛犊不怕虎，不是因为牛犊真的有强大的力量能够战胜老虎，而是因为牛犊不知道老虎的可怕。随着渐渐长大，牛知道老虎很可怕，反而不敢面对老虎。在成长的过程中，孩子通过不断的学习，对于很多原本无所畏惧的事情，渐渐地却害怕起来，就是因为他们从各种途径得知危险的存在。俗话说，一朝被蛇咬，十年怕井绳，就是习得性恐惧的典型表现。

至今为止，小雪还很怕黑。这是因为她小时候有一次和爸爸妈妈出去散步，突然跑到暗处中藏起来，妈妈找不到她几乎要发狂，等找到她之后，在失而复得的欣喜之余，妈妈吓唬她："小雪，黑暗里有怪物！"随着小雪渐渐长大，怪物已经不能让小雪信服，妈妈又拿出很多在黑暗里发生的真实恶性事件来吓唬小雪，为此小雪不敢在晚上和同学们或者朋友们一起出去玩耍。

有一天晚上，爸爸在外面应酬，家里只剩下妈妈和小雪。妈妈突然肚子疼，需要小雪穿过小区，去住在隔壁小区的爷爷奶奶家里求助。但是，小雪迟迟不敢出门，几次打开家门又关上，似乎只要一开门，黑暗里的怪物就会猛扑进来。看到妈妈疼得满头大汗痛苦的样子，小雪才咬紧牙关跑进黑暗里。爷爷奶奶得到消息，火速拨打120把妈妈送到医院里急救。

事例中，小雪原本是不怕黑的，因为孩子心思清明，不知道黑暗里

隐藏着邪恶。后来，妈妈被小雪跑丢的事情吓坏了，因而吓唬小雪，夸大其词地告诉小雪黑暗里蕴藏的危险。这样一来，小雪从完全不怕黑的极端发展到对黑暗极度恐惧，甚至连走过一个小区都不敢。不得不说，这样的心态对于孩子健康快乐地成长是不利的，很有可能让孩子一生之中都怀着阴影。

进行详细划分之后，可以得知孩子的恐惧分为本能恐惧和习得恐惧，习得恐惧还可以分为习得恐惧和被习得恐惧。对于亲身经历的事情，孩子心怀恐惧，这是习得恐惧；对于从父母口中听到的很多事情，想象到父母渲染的危险很有可能发生，孩子就会对某件事情心有余悸，这是被习得恐惧。在教育孩子的过程中，父母尽管要为孩子提示危险，但不要过度，否则就会导致孩子因为恐惧而裹足不前。

很多父母羡慕别人家的孩子非常勇敢，遇到困难迎难而上，从不畏缩，却不知道他们的孩子之所以特别胆小，都是被自己吓唬的。在孩子小时候，面对一个活动自如的孩子，父母总是要万分小心才能保证孩子的人身安全，也为了让孩子有所畏惧，让自己能够轻松地看守孩子，很多父母就会过度吓唬孩子。殊不知，这样的恐吓对于孩子影响有多大，因为父母是孩子最信任的人。当父母的恐吓在孩子心中留下深刻的印象后，哪怕渐渐长大，孩子也依然会束手束脚，无法完全放开自我去勇敢尝试。

第七章 恐惧就像无法摆脱的噩梦，让孩子无法诉说、苦不堪言

分离焦虑并不局限于幼儿

对于年幼的孩子而言，他们很容易陷入分离焦虑状态。具体表现在，当他们习惯和妈妈在一起，一旦妈妈要离开片刻，他们就会难以接受，出现情绪焦虑、恐惧而哭闹不休的情况。对于幼儿而言，当妈妈想要恢复工作，分离焦虑会让孩子陷入焦虑状态，无法接受妈妈离开一段时间的现实。其实为了帮助孩子循序渐进地接受妈妈离开片刻的现实，妈妈可以预先对孩子进行训练。例如，先离开孩子短暂的时间，然后再回到孩子身边，如此反复，可以让孩子相信妈妈的确是会回来的。其实大多数有分离焦虑的幼儿之所以无法接受妈妈离开身边片刻，就是因为他们担心妈妈会一去不返。所以这第一步是最重要的。在孩子相信妈妈离开之后还会回来的情况下，妈妈就可以适当延长离开的时间，给孩子一个过程接受妈妈也许要离开很长时间才会回来的事实。这样一来，孩子渐渐地就可以接受妈妈外出工作一天再回来的事实。

其实，分离焦虑并不仅仅出现在幼儿身上，也有可能出现在青少年身上。当然，青少年的理性思考能力比幼儿强，他们知道父母离开家乡去外地工作，早晚会回来。但是在这样的理性认知之下，如果父母离开时间很长，青少年正处于身心发展的关键时期，就很有可能因为感情上的缺失而陷入情绪焦虑和恐惧之中。有人说，孩子如何度过青春叛逆期，对他们的一生都会起到至关重要的影响，这句话很有道理。在青春期，孩子身心快速发展，

心理发育不成熟，人生经验匮乏，为此常常出现情绪波动的状态，不知道如何面对未来，把握人生。这个阶段，需要父母全方位关注孩子，给予孩子积极的心理引导和情绪支持，帮助孩子顺利度过人生之中的艰难时期，让孩子健康快乐地成长。

最近这段时间，杨浩在学校里的表现非常糟糕，她总是一副拒人于千里之外的样子，还常常与同学发生矛盾。这不，她因为与同学杨梅一言不合就争吵起来，惊动了老师。看着杨浩情绪冲动的样子，老师觉得很有必要给杨浩的父母打电话沟通一下杨浩的情况。

接通杨浩父母的电话，老师才知道杨浩的爸爸妈妈都在外地打工，杨浩一直跟着爷爷奶奶生活。老师似乎明白了杨浩为何总是像个刺猬一样保护自己。在电话沟通中，老师明确表示希望妈妈能回来陪伴在杨浩的身边，因为这对于青春期孩子的性格养成、学习都是很有帮助的。杨浩也希望得到妈妈的呵护，为此也请求妈妈回家，但是妈妈以要在外面打工挣钱为由，拒绝了杨浩的请求。此后，杨浩又频繁与同学发生矛盾和冲突，成为班级里同学避之不及的人。

杨浩为何不愿意和同学们友好相处呢？是因为在家庭关系中，杨浩并没有得到爸爸妈妈的温情，也因为在成长的过程中，爷爷奶奶已经老迈，所以她遇到很多问题都必须靠自己的力量去面对。对于青少年而言，与父母的分离焦虑未必表现在对父母的依恋方面，而是表现在因为父母缺位而导致的青少年感情淡漠，而这也导致青少年因为缺乏安全感，总是对身边的人怀有敌意。

第七章　恐惧就像无法摆脱的噩梦，让孩子无法诉说、苦不堪言

对于每一个孩子而言，在成长的过程中，父母的作用都是不可替代的。如今，有很多父母把孩子交给爷爷奶奶抚养，自己则外出打工；或者即使在一起生活，父母也会因为忙于工作，而雇用保姆负责照顾孩子。如此一来，不但会导致亲子感情淡漠、亲子关系疏远，也会导致孩子在成长过程中心理和感情需求得不到满足，从而出现各种各样的心理和情绪疾病。

任何时候，父母的爱都是孩子生命最佳的养料。父母即使再忙，生计再艰难，也不要对孩子淡漠。只有父母以爱温暖孩子的心，孩子在成长过程中才能感受到温暖，也才能在人际交往的过程中与他人建立友好的关系。

为何害怕陌生人

孩子小时候，当他们表现出对于陌生人的恐惧时，父母总是自我安慰：没关系，孩子还小，等到大一些，就会变得大方，也不会再害怕陌生人了。然而，正是在父母的这种想法之下，父母渐渐发现，即使孩子长大了，也依然害怕陌生人。这是为什么呢？

适度的羞涩会让孩子看起来很可爱，过度的羞涩却让孩子看起来很自卑、封闭，也会影响孩子的人际关系。尤其是对青少年而言，唯有敞开心扉，主动与陌生人交往，才能拥有更加丰富的人脉关系，也才能让自己变得更加受人欢迎。众所周知，现代社会人脉关系被提升到前所未有的高度，人脉资源也成为每个人最为重要的社会资源。所以，父母要未雨绸缪，有的放矢地引导孩子学会与陌生人交往，这样孩子长大之后才能擅长交际。

卓越是个特别羞涩腼腆的孩子，小时候就非常害羞，害怕见到陌生人。原本，爸爸妈妈以为随着孩子渐渐长大，卓越害羞的行为会有所改善。没想到卓越都上初中了，依然害怕陌生人。有一次，卓越在妈妈的鼓励下参加了学校里的英语角，在参加英语角的第一天，组织者要求每位同学介绍自己。轮到卓越，他因为紧张而说不出话来，结结巴巴，憋红了脸。后来，他只介绍了自己的名字和班级，就匆忙下台了。

第七章 恐惧就像无法摆脱的噩梦，让孩子无法诉说、苦不堪言

后来，又到需要参加英语角的活动时，卓越就会有意识地逃避，不愿意参加。看到卓越这么害怕见到陌生人，爸爸妈妈感到很焦虑。尽管爸爸妈妈再三鼓励卓越一定要勇敢，卓越却总是无法鼓起勇气，一见到陌生人就脸红心跳，手足无措。妈妈意识到卓越这样的状态也许是心理上出现问题，为此带着卓越去做心理咨询。心理医生诊断卓越可能有轻微的社交恐惧症，建议妈妈经常带着卓越和陌生人接触，参加社交活动。

妈妈按照心理医生的建议去做，一开始很难，后来在妈妈的坚持之下，卓越渐渐地克服了内心的恐惧，可以从容地与陌生人搭讪，在陌生人面前介绍自己。对于卓越而言，社交的路还有很长，还需要一步一步努力地走下去。

对于有社交恐惧的孩子而言，战胜社交恐惧并不是简单容易的事情。很多孩子在社交之中都会表现出明显的胆怯和畏惧心理，所以他们首先要消除心底的恐惧，才能更加积极主动地面对社会交往。他们只有鼓起勇气与陌生人搭讪，才能打开自己的心门，与其他人建立良好的人际关系。

很多孩子都有社交恐惧症，尤其是在陌生人面前，他们的恐惧症状更加明显。也许他们心里很想与陌生人搭讪，但是不管怎么努力，就是张不开嘴；也许他们很愿意结交更多的朋友，但是在人际关系之中他们始终处于被动的状态，只能等待别人与他们搭讪。有些父母认为害羞胆怯的孩子是性格使然，实际上并非如此。孩子之所以有社交恐惧症，一是有可能受到遗传因素的影响，二是有可能是后天生活的环境相对恶劣。例如，爸爸妈妈经常吵架、动辄要离婚等，孩子就会因为自卑而变得胆怯，甚至觉得在别人面前抬不起头来。其实，父母离婚和孩子有什么关系呢？完全没有

关系。但是孩子心灵稚嫩，父母的关系决定了家庭幸福与否，父母的关系也是孩子赖以生存的整个宇宙。可想而知，在一个父母关系恶劣的家庭里，孩子受到的身心伤害是多么严重。

　　还有的孩子之所以社交恐惧，是因为父母对他们的爱太过封锁严密，导致一直把他们封闭在熟悉的环境中，从未接触过陌生人，也从没有与陌生人打交道的经验。前文说过，恐惧是一种敬畏，也是一种未知，这样的孩子正是因为对于陌生人全然无知，所以才会陷入被动的状态之中无法自拔。从父母的角度来说，不仅要经常给孩子与陌生人相处的机会，也要引导孩子融入陌生的环境之中，这对于锻炼孩子的胆量，提升孩子的社交情商，都有很大好处。常言道，多个朋友多条路，多个敌人多堵墙。不管何时，多个朋友对于孩子的人生而言都是好事情。由此，父母要当机立断开始努力，有的放矢地提升孩子的社交能力，发展孩子的社交情商，让孩子在未来与身边的人友好相处。

第七章 恐惧就像无法摆脱的噩梦，让孩子无法诉说、苦不堪言

怕黑和噩梦之间的关系

细心的父母会发现，很多孩子对黑暗都怀着深深的恐惧，一是因为黑暗对他们而言是未知的，年幼的孩子常常幻想黑暗之中有怪物出没；二是因为黑暗总是与他们的噩梦联系在一起，导致他们一旦看到天黑，就害怕噩梦来袭。由此不难理解为何有很多孩子都排斥和抗拒黑夜的到来，也会故意延迟睡觉的时间。和幼儿比起来，青少年做噩梦的次数大大降低，但是这并不意味噩梦不会侵扰青少年。

针对噩梦，国外进行心理学与睡眠实验研究的专家曾经说过，每个孩子在暗夜里都会做噩梦，有些孩子做噩梦的频率非常高，甚至达到每周至少一次的频率，正是因为如此，他们对于黑暗才会恐惧，才会抗拒。噩梦对于孩子成长的负面影响还是很严重的，例如，噩梦导致孩子们睡眠不足，影响孩子的健康成长；噩梦使得孩子心有余悸，甚至有些噩梦对于孩子的影响从黑夜蔓延到白天，导致孩子情绪焦虑不安，内心郁郁寡欢，甚至变得非常胆怯。从这个角度而言，虽然做梦是人的自然生理现象，但是对于父母而言，当发现孩子频繁做噩梦时，就要对孩子进行心理辅导。

通常情况下，孩子晚上做噩梦时，与白天的情绪激烈或者是某些经历有关。当某件事情或者某个人，给孩子留下深刻的恶劣印象，孩子在入睡之后脑细胞依然活跃，就会导致噩梦形成。因而在白天的活动中，父母要有意识地控制孩子玩耍的节奏，不要让孩子受到强烈刺激。当然，这是针

对幼儿的。对于青少年来说，父母可以避免在青少年入睡前，与青少年进行激烈的争吵和辩驳。此外，如果青少年知道自己频繁做噩梦的原因，也可以避免在入睡前进行相关的活动，从而保持愉悦的心情入睡。常言道，日有所思，夜有所梦，其实是有道理的。即使作为成年人，如果白天受到了强烈的刺激，晚上也会停留在情绪紧张激动的状态之中，使得异常活跃的脑细胞情不自禁陷入噩梦状态。

此外，当孩子压力过大的时候，也会导致噩梦连连。作为青少年，要想从噩梦的状态中摆脱出来，就要有针对性地缓解压力，从而让自己心情愉悦。对于青少年而言，有很多因素都会导致他们压力过大，例如精神紧张、情绪焦虑等，都是压力过大的具体表现。有心理学大师说过，每个人之所以会做梦，都是为了发泄清醒状态下没有发泄的某种情绪、情感。如果这些压抑的情绪、情感是让人不愉快的，那么就会导致噩梦产生。

眼看着一个学期即将过去，期末考试在即，小莫对于即将到来的期末考试，心生畏惧。期中考试时，因为考试成绩很差，爸爸在他屁股上留下的巴掌印似乎还在隐隐作痛，妈妈心痛地说出那些对他的控诉，也在他的耳边回响。其实，不是小莫不愿意努力学习，他真的已经非常努力认真，但是似乎没有掌握学习的方法，也似乎因为还不适应这个阶段的学习，所以总是感到力不从心。

临近期末考试，小莫因为恐惧考试而压力过大，甚至出现失眠、多梦等神经衰弱现象。一开始，爸爸妈妈只以为小莫是压力大，直到有一天晚上，小莫哭着从睡梦中醒来，爸爸妈妈才重视起来。妈妈问小莫怎么了，小莫哭诉："我要去考试，但是怎么走也走不到学校，我想给你们打电话，一连串的手机号怎么拨也拨不完，

第七章 恐惧就像无法摆脱的噩梦,让孩子无法诉说、苦不堪言

总是有个号码会拨错。"看着小莫哭得无助而又伤心,妈妈才意识到小莫也许真的面临心理问题的困扰。为此,妈妈向老师请假,带着小莫去看心理医生。心理医生对小莫进行催眠治疗,这才发现小莫因为考试承受了巨大的压力,甚至完全不知道如何面对考试。为此,心理医生对妈妈说:"孩子考试没考好,你们反应过激,才导致孩子出现这样的状态。其实,不是每个孩子都擅长学习,如果孩子已经非常勤奋、认真和努力,你们就要考虑孩子是否学习不得法。与其一味批评和训斥孩子,不如给予孩子切实有效的帮助,这样更有利于提升学习成绩。"妈妈意识到问题的严重性,当即进行深刻的自我反思,也采用心理专家的建议,在对孩子教育方面做出调整。

在这个事例中,小莫之所以做噩梦,是因为他恐惧考试,从而导致内心压力巨大。作为父母,在这个全民教育焦虑的时代,一定要以淡定理性的心为孩子支撑起一片晴空,唯有如此,孩子才能更加积极理性地面对现实,而不因为压力而逃遁。当压力过大的时候,孩子在现实生活中无法排遣多余的压力,就在入睡之后陷入困顿,也因此压力重重而觉得内心焦虑不安,从而招致噩梦袭来。对于父母而言,既要对孩子提出适度的要求和期望,也要意识到未必每个孩子都擅长学习,都是"学霸"级的孩子。其实,在孩子刚刚出生时,每位家长都觉得孩子是最优秀且一定能出类拔萃的,随着孩子渐渐长大,他们就开始意识到孩子身上有很多缺点和不足。学会接受孩子的平庸,是大多数父母的必修课。

如果孩子只是偶尔做噩梦,父母无须感到紧张;但如果孩子经常做噩梦,父母就要多关注孩子的心理状态,也要有的放矢地帮助孩子调整心态,放松心情,这样才能有效缓解孩子的压力和紧张焦虑的状态,从而激励和

督促孩子健康快乐地成长。当然，如果知道孩子的确是因为某些具体的原因导致压力巨大，父母还要想办法消除引发孩子紧张的因素，这样才能有效地帮助孩子缓解情绪，使其变得轻松快乐。

第七章　恐惧就像无法摆脱的噩梦，让孩子无法诉说、苦不堪言

开学恐惧症让孩子面对开学如临大敌

从本能的角度看，孩子是崇尚自由的，不愿意受到任何约束。为此，除了极个别的孩子对于学习天生就有浓厚兴趣和强劲动力之外，绝大多数孩子都不喜欢学习。有的孩子在学习上表现优异，是因为他们有很强的自控力，可以约束自己，要求自己在学习上必须努力上进。而有的孩子学习一团糟，就是因为他们缺乏自控力，喜爱自由的天性战胜了要好好学习的理性，所以才会任由自己把更多的时间用来玩乐。正是因为这样的本能，每当过了长假，孩子们在即将开学的时候总是会对开学产生恐惧。

在长假期间，孩子们有更多自由支配的时间，可以远离学校，做自己喜欢的事情。也可以说，整个长假期间，孩子们充分地享受到了自由。正因为如此，在面临开学的时候，孩子们才会产生恐惧。尤其是青少年，原本就是渴望自由的年纪，不喜欢被约束和管制，因此更加珍惜假期。为了避免青少年在假期之后、开学之初表现出极大的不适应，父母可以帮助孩子按照日常的生活规律安排假期生活。否则，孩子越是在假期期间处于放养的状态，开学之后就越是不适应。曾经有育儿专家指出，即使到了假期，也应该让孩子保持规律作息，这样孩子才能把规律作息当成生活的良好习惯，按部就班进行，而不需要时时提醒孩子，这样，孩子也可以自觉主动地做好很多事情。

小美刚刚升入初中，就意识到初中的生活和小学阶段截然不同，她很不适应，也必须花费很多时间和精力，才能应付繁重的课业。为此，到了快放寒假的时候，小美简直迫不及待等着寒假到来。一进入寒假状态，小美整个人像是泄了气的皮球，早晨赖在床上不愿意起床，晚上刷剧不愿意睡觉。这样的日子过了三天，妈妈郑重其事地告诉小美："小美，三天你已经休息好了，接下来必须按照上课的作息时间来，否则你一'懒'千里，将来开学了怎么办呢？"对于妈妈的这个决定，小美当然是抵触的，她对妈妈说："妈妈，我平日里上学够辛苦的了，好不容易放假，你就不能让我放松一下吗？况且，我早晨起床那么早干吗呢？"妈妈说："你不要抱怨，我也会和你一起起床，然后去跑步。跑步好处很多，不但可以锻炼身体，还可以磨炼意志力，增强耐力，这样即使未来的学习任务更加繁重，你也能吃得消。"

不管小美有多么不愿意，妈妈都坚持这么做。无奈之下，小美只好配合妈妈，听从妈妈的安排。很快到了开学的时候，小美对于开学虽然有些抵触，但还算能接受。小美的同桌就没有这么幸运了，刚刚开学的日子里，同桌总是迟到，也总被老师批评。直到过了一个星期，同桌才适应上学的节奏，忍不住问小美："你是怎么做到每天精神抖擞起床的？"小美笑起来，得意地说："因为我在整个假期每天都是这个时候起床啊！"小美此刻在心底里很感谢妈妈为避免她患上假期综合征而做好的准备工作。

在这个事例中，刚刚开始初中生活的孩子，很容易因为不适应初中生活而陷入被动的状态，也因而更加渴望假期的到来，可以自由地放飞自我。每到假期，很多父母也觉得孩子平日里上学辛苦，因此放纵孩子睡到很晚

第七章　恐惧就像无法摆脱的噩梦，让孩子无法诉说、苦不堪言

才起床。殊不知，这样一来会让孩子在上学期间形成的生活规律被打破。事例中，小美的妈妈非常明智，她给了小美几天休息时间，然后就要求小美按照上学的作息规律生活，这样一来，不但可以跑步锻炼身体，还可以磨炼小美的意志，可谓一举两得。

　　孩子之所以陷入开学恐惧，就是因为害怕开学之后不能继续享受自由，要被约束。如果他们意识到不管是开学还是放假，生活都是一样的，那么他们就不会那么抵触开学、恐惧开学。明智的父母要帮助孩子养成规律作息，也要让整个家庭生活都处于秩序井然的状态，而不要因为放假等原因就打乱原本的生活节奏。这样一来，孩子在有秩序的家庭氛围中成长，自身的状态也会非常好，对于开学就可以做到顺其自然，也就不会特别排斥和抵触了。

有些美食能够改善情绪

很多研究表明，如果青少年陷入恐惧情绪之中，就会引发紧张、焦虑等状态，长此以往必然导致情绪失衡。其实，有些美食是可以有效改善情绪的，正因为如此，很多人在情绪紧张、焦虑、恐惧的状态下，会选择以进食的方式放松心情。而且，不仅美食可以有效改善情绪，进食的方式本身也可以帮助人们舒缓情绪。为此，吃一些美食，不但可以摄入提升情绪的营养物质，也可以有效抑制抑郁，甚至还可以让人们寻找到生命的意义。尤其是对一些吃货来说，吃是生命的意义之一，甚至没有什么问题是一餐美食解决不了的。当然，这是一个夸张的说法，但这也表明美食对于人们的重要意义和作用。

在人体中，有一种化学物质是专门用来调节心情的，所以要想拥有好心情，就要在日常生活中摄入能够促使这种化学物质形成的食物。经过科学家研究证实，有一些营养物质和维生素，都有利于促进这种化学物质的形成，例如脂肪酸、叶酸、B族维生素、糖分等。当然，诸如酒精等也是可以改善情绪的，但是过度饮酒对身体不利，所以摄入酒精一定要适度。

青少年原本就处于发育的关键时期，身体需要大量的营养物质才能快速发育。所以，青少年一定要均衡营养，从而摄入足够的营养物质，保证身体健康成长。当然，除了摄入美食之外，还有很多因素会影响青少年的

第七章 恐惧就像无法摆脱的噩梦,让孩子无法诉说、苦不堪言

身体健康,父母也要多加注意。尤其是在孩子即将考试的关键时期,父母如果能够提供一些改善情绪的食物,对于孩子恐惧考试的心态会有极大的缓解作用。

眼看着考试在即,小莫对于即将到来的考试心怀恐惧,出现了严重神经衰弱的症状。为了帮助小莫缓解情绪,消除恐惧,妈妈不但带着小莫咨询心理医生,还在心理医生的建议下,精心为小莫制作了改善情绪的食谱。

早饭:坚果、白水煮蛋、各种粥面、奶类食物、香蕉。

午饭:优质蛋白(如鱼虾、鸡肉等),杂粮米饭,柑橘类水果,绿叶蔬菜。

晚饭:饺子、馄饨等,还有酸奶或者豆浆。

在妈妈的精心调理下,再配合心理医生的治疗,小莫的紧张情绪得以缓解,而且他很喜欢吃妈妈为他准备的营养餐,还说这样的营养餐让他的精力变得更加旺盛。

在这个事例中,妈妈采纳了心理医生的建议,给小莫精心制作了营养餐,从而让小莫不但从心理上释放压力,还可以摄入更多有助于提升情绪的食物。实际上,每个人在人生中都会承担巨大的压力,也时常会对各种事情感到恐惧。与其被动地等着恐惧来摧毁自己,不如有的放矢地消除恐惧,战胜恐惧。

和不健康的饮食相比,健康的饮食结构原本就能帮助人们舒缓情绪。当然,混乱的生活、堆积如山的工作,也会让人感到恐惧,由此而心情烦躁。

所以，青少年更要整理好思绪，厘清生活中的很多事情以及学习上的任务，始终保持心中有条理，让生活与学习秩序井然。这样一来，情绪自然就会非常好，这也有利于青少年的身心健康并快乐成长。

第七章　恐惧就像无法摆脱的噩梦，让孩子无法诉说、苦不堪言

求助家人一起解决问题

　　青少年之所以感到恐惧，除了对事物未知之外，也因为自身能力不足，不相信自己能够凭借一己之力解决问题。对于自己的怀疑，让他们感到惶恐不安，尤其是在事情的发展超乎他们的能力范围时，他们会更加恐惧。在这种情况下，青少年又要如何做才能消除恐惧呢？记住，当问题已经发生或者注定无法避免时，与其逃避，不如勇敢面对。否则如同鸵鸟一样把头藏在沙坑里，归根结底并没有解决问题。

　　当然，有些问题并非努力就能解决的，青少年能力有限，生活经验匮乏，在面对有些难题的时候，并非仅凭自己的力量就可以解决。在这种情况下，就可以求助家人，尤其要优先求助父母。很多青少年在能力不足以解决问题引发的恐惧中，总是感到非常忧愁郁闷，也常常陷入痛苦之中无法自拔。实际上，在这种情况下，青少年要第一时间向父母求助，这是因为父母人生经验丰富，心智发育成熟，也是真心无私爱着自己的人，所以会给予青少年最佳的帮助。有些青少年喜欢求助于同龄人，这是错误的，因为同龄人的心智发育水平和他相差无几，对于他而言的难题，对于同龄人而言同样是难题。从这个角度来说，即使同龄人慷慨地给予青少年帮助，也未必能够有效解决问题，有的时候反而会导致问题变得更加糟糕。所以，青少年一定要在关键时刻保持清醒的头脑，这样才能向正确的人求助，也才能及时得到有效的帮助。

常言道，众人拾柴火焰高。当青少年求助于家人，和家人齐心协力解决问题时，就能让事情得到有效解决。在这个过程中，青少年对于难题产生的恐惧也会消散。当然，如果青少年面对的是严重的心理问题，即使家人也无法帮助青少年有效解决，那么家人还可以寻求专业人士的帮助。有些青少年会主动求助于家人，而有些青少年因为觉得面子上过不去，也许会选择有问题自己扛着。作为父母，一定要密切观察青少年的情绪状态，当发现青少年陷入恐惧之中无法自拔的时候，就要多多关注和了解青少年的情绪和心理，从而有的放矢地帮助青少年。

最近，小米在学校里遇到一个难题，这个难题让她不敢去上学，恐惧上学，也让她不敢告诉任何人。原来，学校里有几个高年级女生学习特别差，整日和社会上的闲散青年在一起，还把闲散青年带入学校，向低年级的孩子索要钱物。小米才上初一，初来乍到，也遭到勒索，根本不知道该如何解决这个问题。

第一天，那几个女孩就把小米身上的几十块钱都搜刮走了，还威胁小米说："我们在社会上都是有人的，如果你不乖乖听话，小心找人修理你！明天，必须再带至少100元钱来，否则就别想走出这个校门。"小米回到家里不敢告诉爸爸妈妈，偷偷地从储钱罐里拿了100元钱带到学校。原本，小米天真地以为交了这些钱，就不会再被骚扰，没想到才过去一个星期，那些女孩又来找小米："再带200元钱来，你姑奶奶没钱花了。"小米恳请对方放过她，对方却丝毫不为所动，总是隔三岔五就向小米要钱。渐渐地，小米储钱罐里的1000多元钱都交给了那几个女孩，面对女孩的勒索，小米再也没有办法，只好想尽办法躲避。然而，那几个女孩总是能找到小米。最终，小米吓得连学校都不敢去，还要求爸爸妈妈

第七章 恐惧就像无法摆脱的噩梦,让孩子无法诉说、苦不堪言

帮她转学。

　　爸爸妈妈经过一番追问,才知道小米经历了什么,不由得大惊失色,当即把这件事情告诉老师。次日,爸爸妈妈带着小米去学校里解决问题。原本,小米非常恐惧,不敢去学校,后来爸爸妈妈再三保证会保护小米,小米这才勉为其难地跟着爸爸妈妈去了学校。在爸爸妈妈的努力下,这个问题最终得以解决,小米终于又可以高高兴兴地去学校了。

　　在这个事例中,小米是非常胆小的,所以她才会一而再再而三地被他人勒索,却无计可施。其实,小米如果能在事情刚刚发生的时候就告诉爸爸妈妈,那么她就无须担惊受怕这么长的时间。很多青少年尽管与父母亲近,但是有了自己的小心思,不愿意把所有事情都告诉爸爸妈妈。为此,作为父母,要想全方位保护孩子,就要多留心观察孩子在日常生活中的表现,这样才能及时发现孩子的异常,给予孩子更好的呵护。

　　青少年一定要知道,任何时候,父母都是孩子成长的后盾,父母都是这个世界上最爱孩子的人。唯有对于父母拥有这样的信心,青少年才能在与父母相处的过程中,把很多心事都告诉父母,也才会在遇到难题的第一时间,就主动求助父母。有了家人的陪伴,青少年心中的恐惧自然不复存在,也可以昂首挺胸地走好属于自己的人生之路。

第八章
自卑如同人生中绵延的雨，清除自卑孩子才能阳光灿烂

青少年敏感多疑，很容易陷入自卑的情绪之中无法自拔。为了帮助青少年驱散人生的阴雨，找回明媚阳光，父母就要有的放矢地帮助青少年，这样青少年才能充满信心，在人生的道路上昂首向前。

自卑不是天性

愤怒是与生俱来的情绪,自卑则不同。当胎儿在母亲的子宫里感受母亲的心跳时,当婴儿躺在妈妈的怀抱里吮吸着甘甜的乳汁时,他们根本不会感到自卑。自卑不是一种天生的情绪,而是一种后天形成的复杂情绪。在成长的过程中,当孩子突然经历了某件事情,受到某种歧视或者不公正的待遇,甚至是遭到严重的打击时,他们就会渐渐产生自卑的情绪。从本质上而言,自卑是一种习得性体验,取决于很多因素的多重作用,例如孩子的脾气秉性、教育背景、成长经历、身材样貌、学习能力、人际关系等。也可以说,一切的人类活动,都有可能触动孩子敏感脆弱的心灵,让孩子逐渐形成自卑的情绪。

孩子的内心是非常敏感的,即使是生长在同一个家庭中的孩子,也有可能因为年龄不同、擅长的方面不同而导致在成长过程中处于不同的微环境,从而得到父母不同程度的对待。日久天长,孩子渐渐变得或者自卑,或者自信,或者非常骄傲。

奥地利著名心理学大师弗洛伊德曾经说过,孩子在童年时期的很多经历尽管会被时光淡忘,但是这些情绪感受会留在他们的潜意识之中,在无形中,作用于他们,影响着他们。正是基于这个角度,人们才说孩子童年时期的自卑感会影响孩子的一生,也会对孩子的人生产生各种消极的影响。从这个角度而言,父母必须更加关注孩子的自卑情绪,从而未雨绸缪,把

第八章 自卑如同人生中绵延的雨，清除自卑孩子才能阳光灿烂

孩子的自卑情绪扼杀在摇篮之中，以免形成后患。

父母不知道，在孩子心中，父母的地位至高无上，他们对于父母的依赖心理也是最强的。为此，父母的每一次认可和鼓励，都有可能让孩子欢欣雀跃。反之，如果父母对于孩子所做出的努力不以为然，甚至不屑一顾时，则会严重打击孩子的自信心，也会导致孩子悲观沮丧甚至绝望。

菁菁从来不敢当着别人的面唱歌，不是因为她的嗓音条件太差，也不是因为她没有机会，只是因为爸爸在她5岁时说过的一句话。记得当时菁菁正在上学前班，每天从学校里学习一首新歌曲，回到家之后，她就会兴致勃勃地把这首歌曲唱给爸爸妈妈听。

有一天，菁菁正在兴高采烈地唱歌，爸爸突然说："菁菁天生五音不全，真是不适合唱歌。"得到爸爸这样的评价，菁菁心里非常难过，从此，再也没有当着爸爸的面唱歌，更没有当着别人的面唱过歌。直到大学期间，她最害怕的依然是上音乐课，因为她担心招来别人的嘲笑。直到有一次，菁菁和朋友聚餐的时候喝多了，醉醺醺的她成了"麦霸"，拿着话筒不停地唱啊唱啊，似乎要把半辈子的歌都唱出来。事后，朋友告诉菁菁："菁菁，你唱歌真好听，就像大歌星一样。"得到这样的评价，菁菁简直惊讶得合不拢嘴："你听过我唱歌了吗？"朋友点点头："当然，那天晚上你没放下过话筒，唱了一整个晚上。"菁菁又问："那一定把你们的耳朵折磨得够呛吧？"朋友笑起来："没有啊，相反我们都很享受。"在朋友的大力鼓励和支持下，渐渐地，菁菁的信心越来越强，她终于不再惧怕当着别人的面唱歌了。

5岁那年，爸爸在菁菁心中种下了一粒自卑的种子，5岁之后直到成年，

在菁菁的心里,这颗自卑的种子不断地生根发芽,生长得枝繁叶茂。在这棵自卑之树的挤压下,菁菁的自信心越来越弱,简直接近于无。为此,菁菁又花了好多年时间,才最终摆脱了这棵自卑的大树。

自卑,是由很多因素导致的敏感情绪,引起自卑的因素也许很重要,也许不值一提,就像事例中的爸爸,可能早就不记得自己曾经这么不负责任地评价菁菁的歌声了,然而,菁菁却在漫长的时间里都不敢唱歌。歌声,带给人愉悦的感受。在不敢唱歌的同时,菁菁也被剥夺了放声歌唱的欢乐,这对于一个年幼的孩子而言是多么残酷的事情啊!作为父母,一定要多多鼓励孩子,给予孩子信心,不要总是否定和批评孩子,否则只会导致孩子更加胆小怯懦,在人生的道路上止步不前。

过度自尊者过于敏感自卑

青少年正处于青春叛逆期，身心都处于快速发展阶段，而且因为激素的大量分泌，他们的情绪也处于波动的状态，时常出现大起大落的情况。在这样的特殊成长阶段，青少年的自尊心变得越来越强。实际上，自尊心强并非单纯是一件坏事请，同时也具有好的一面，主要看青少年如何对待自尊心。适度的自尊心，可以激励孩子不断地努力，让孩子在成长的过程中爆发出强大的力量，从而勇敢地赶超他人；而过度的自尊心，未必是自信的表现，恰恰意味着青少年的内心充满自卑的情绪，而且心灵非常脆弱，甚至不堪一击。为了用坚硬的壳保护内心的脆弱，青少年就会在潜意识的驱使下反其道而行之，表现出过度自尊。

过度自尊的青少年，特别在乎别人对他们的评价，哪怕别人无意间说出来的一句话，也可能在他们的心中波澜顿起，使得他们在面对很多事情的时候陷入被动的局面。如果青少年有足够的自信，坚定不移地做好自己，就不会因为他人的随意评价而心中波澜起伏。正如伟大的诗人但丁所说的，走自己的路，让别人说去吧。这样的洒脱和勇气，需要多么强大的自信作为支撑啊！在心理学上，针对孩子的进步有外部驱动力和内部驱动力之分。通常情况下，外部驱动力提供的是短期有限的动力，一旦外部驱动力消失，动力也会随之消失。而真正持久且强大的动力，是内部驱动力，只有在内部驱动力的驱使下，青少年才能保持持久的热情，也才能坚持不懈、勇往直前。所以，父母在引导和教育孩子的过程中，要侧重于把孩子的外部驱动力转化为内部驱动力，这样孩子才能获得更加强劲持久的动力，也才能在与人相处的过程中，适度降低自尊心，而不致因为自尊心过强和过于敏感，就对外界的一切风吹草动做出过激反应。

  叶兰是个蕙质兰心的女孩，天资聪颖，在学习方面很有天赋。很小的时候，她就因为聪明伶俐、漂亮可爱，频繁得到家人和朋友的赞赏。渐渐地，叶兰变得有些高傲，自尊心也很强，已经听惯了人们赞赏声的她，再也禁不起任何小小的批评和否定。

  转眼之间，叶兰上初中了。她最喜欢上的课是作文课，因为她文采斐然，所以老师经常把她的作文当成范文，读给同学们听。因而每到上作文课的时候，也就是叶兰收获赞许的时候。这一天又到了作文课，叶兰原本满心欢喜地等着老师读她的作文，却没想到老师读了另一名同学的作文，而对叶兰的作文只简单提了一句，说写得不错。叶兰很生气，她想不明白老师这次为何没有读她的作文，甚至整个作文课上，她都无法完全集中精神。这一次的作文，叶兰写得非常糟糕。当被老师问起原因，叶兰只是淡淡地说："没心情，反正本来写得也不好。"老师尽管听出叶兰的话外之音，却不知道叶兰的坏情绪从何而来。

  在这个事例中，叶兰看似自尊骄傲，实际上她的内心深处是很自卑也特别敏感的。为了掩饰脆弱的内心，她一次又一次地以骄傲掩饰自己，却在一次错失老师的表扬之后，就陷入负面情绪。归根结底，这都是因为叶兰从小就得到了父母太多的认可和赞赏导致的。作为父母，固然要赏识孩子，鼓励孩子，却也要把握好度。生活从来不会偏爱任何人，每个人在人生的道路上都有可能遭遇坎坷挫折，最重要的在于端正心态，才能以笃定的心做好自己，而不必过分在乎他人的评价。毕竟每个人都要为自己而活，而不要为他人活着。

　　父母在教育孩子的过程中，需要给予孩子适度的关注，但是不要让孩子误以为自己就是世界的中心。否则，孩子就会自以为是，承受不起任何打击。对于青少年而言，还要学会接受坎坷和挫折，毕竟随着成长，青少年最终会离开单纯的家庭环境，进入复杂的社会环境之中，不可能凡事都顺心如意，更不可能在每时每刻都得到所有人的赞赏。所以，对于青少年来说，拥有越挫越勇的勇气，比拥有自信更加重要。心理学家经过研究证实，大多数人的先天条件都是相差无几的，之所以有的人获得成功，有的人总是失败，就在于他们面对失败的态度不同。真正的人生强者能够越挫越勇，而软弱怯懦的人哪怕遭遇小小的失败，都会一蹶不振。所以，父母要从孩子小时候，就有意识地培养孩子积极勇敢的性格，这样等到孩子将来长大成人，就会继续努力，无所畏惧。

孩子为何总是爱说"不"

每当孩子进入青春期，父母就会发现孩子与自己成了冤家对头，很多时候，孩子明明知道父母说的是对的，还总是与父母对着干，坚决不愿意采纳父母的建议和意见，这到底是为什么呢？其实，青少年爱说"不"是有原因的，他们是在以说"不"的方式捍卫自己的权利，也是在以这种方式宣誓自己的权利。面对爱说"不"的青少年，父母只想靠着强制的方式让他们折服，显然是不可能的。唯有采取适度引导和教育的方式，让青少年心服口服，他们才能心甘情愿地采纳父母的建议。

爱说"不"的青少年，叛逆心理很强，他们内心深处有自卑心理在作怪，所以才对父母的建议总是不假思索地否定，因为他们潜意识里认为，一旦接受了父母的建议，他们就相当于承认自己是错误的。有谁愿意承认自己是错误的呢？尤其是自尊心强的青少年，更加不愿意这么做。为此，对于爱说"不"的青少年，父母不必过于紧张，也不必为此而担忧。也许等到青少年度过青春期的敏感自卑阶段，渐渐找回自信后，就可以改掉爱说"不"的坏习惯，内心笃定地做好自己。

爱说"不"的青少年，对于很多事情都会采取拒绝的态度，这实际上是他们不自信的表现。他们害怕遭遇失败，因而就拒绝尝试，宁愿错失成功的机会。这种因噎废食的做法，对于孩子的成长没有任何好处，只会把孩子局限在狭窄的空间里，无法自由自在地成长。毫无疑问，这样的孩子

第八章 自卑如同人生中绵延的雨，清除自卑孩子才能阳光灿烂

内心深处是胆怯的。对于这样的孩子，父母要有意识地多认可和奖励他们，才能帮助孩子找回自信，也才能让孩子有勇气去不断尝试，敢于创新。

李强从小跟着妈妈和姥姥长大，因为爸爸在外地工作，所以他与爸爸接触的机会很少。又因为妈妈平日里忙于工作，所以李强主要由姥姥负责照顾。姥姥非常小心，生怕李强会磕碰到，因而每次带着李强遛弯的时候，总是紧紧拉住李强的手。一旦李强想要爬高爬低，姥姥就马上提醒李强要小心，或者索性禁止李强去危险的地方。渐渐地，李强变得越来越胆小，不管做什么事情都很犹豫，轻易不敢尝试。

上初中的时候，妈妈带着李强一起来到爸爸所在的城市。作为初一新生，李强依然很胆小。老师原本想让品学兼优的李强当班委，不想李强连连摆手拒绝："老师，我不行，我不行。"老师很纳闷，其他孩子都争先恐后地要当班委，为何李强反而拒绝呢？一开始，老师以为李强担心会影响学习，后来经过一番询问，才发现李强原来担心自己当不好班委。老师极力劝说，李强还是不敢接受。无奈之下，老师只好把这个机会给了其他同学。开学没多久的家长会上，老师说起这件事情，也希望每一位父母都要鼓励孩子胆大、勇敢，爸爸这才知道李强错过了这么好的机会。经过一番观察，爸爸发现李强很容易退缩，遇到事情第一反应就是说"不"。为此爸爸非常着急。他决定暂时把工作安排得轻松一些，抽出更多的时间陪伴李强，也常常带李强去游乐场玩各种危险的项目。渐渐地，李强胆子越来越大，最终战胜内心的胆怯，成了一名勇敢的男孩。

当孩子感到自卑的时候，他们就会觉得自己不管做什么事情都不行，如此一来，无形中就会错过很多好机会。尤其是青春期男孩内心敏感脆弱，又害怕失败遭人笑话，更容易因为各种事情而退缩。其实，胜败乃兵家常事，不管是成功还是失败，都是人生难得的体验。一个真正勇敢的人，不是朝着成功迎面走去，而是哪怕明知道有可能遭遇失败，也依然勇往直前，绝不退缩。当然，孩子并非天生就有勇敢的品质，主要还是父母在教养孩子的过程中，要有意识地提振孩子的信心，增强孩子的勇气，驱散孩子心中自卑的阴云，这样孩子才能更加坚定不移地朝着成功走去。

　　人生不如意十之八九，在人生的道路上，人人都有可能遇到各种坎坷和磨难，与其被磨难打倒，不如勇敢地站起来，战胜磨难。对于青少年而言，人生的画卷才刚刚展开。很多青少年因为已经习惯了在父母的照顾下成长，所以难免感到人生顺遂如意，而一旦初尝磨难的滋味，就会陷入焦虑、紧张、自卑等种种负面情绪的旋涡中。在这种情况下，不但要摆正心态，更要意识到自己的分量，对自己有信心，只有这样，才能无所畏惧地奔向生命中的绚烂所在。

第八章 自卑如同人生中绵延的雨，清除自卑孩子才能阳光灿烂

不把自己家的孩子与其他孩子比较

很多父母似乎天生就有一种本能，那就是拿自己家的孩子与别人家的孩子比较，甚至是拿自己家孩子的缺点与别人家孩子的优点比较，还美其名曰是为了督促孩子进步。毫无疑问，这是一种错误的比较方式，很容易让孩子在比较之中失去自信，变得自卑。从本质上而言，这样的比较原本就是不公平的。父母要认识到，每个孩子都是独立的生命个体，每个孩子都有自己的优点和长处，也有自己的缺点和不足，所以父母一定要客观全面地评价孩子，不要因为一个小小的缺点就全盘否定孩子，更不要因为一个大大的优点就完全认可孩子，而对孩子的缺点视而不见。常言道，金无足赤，人无完人，孩子也是如此。明智的父母不会随随便便就拿自己家的孩子与别人家的孩子比较，而是会尽量创造便利的条件督促孩子成长，让孩子全面发展。

青少年也不应该拿自己与其他孩子比较。在成长的过程中，对孩子进行所谓的横向比较，原本就是不负责任的行为。这是因为不同的孩子之间根本没有比较的标准，所以比较除了伤害孩子的自信心，导致孩子陷入自卑以外，没有任何积极的意义。青少年要想比较，就应该拿今日的自己和昨日的自己比较，只要自己比以前有所进步，就说明是值得继续把努力进取的精神发扬光大的。当然，不比较并非意味着青少年要固步自封。相反，青少年应该怀着开放的态度，向他人学习。例如，看到他人有某些方面的

优点和特长时,就努力向他人学习,这样才能提升自己,也才能让自己变得更加优秀。总而言之,横向比较不可取,但是向他人学习优点和长处是值得赞许的。真的要进行比较,可以与自己曾经的表现对比,进行纵向比较,这样才能最大限度地激发生命的本能,也才能在成长的道路上昂首向前。

最近,学校里要举行演讲比赛,各个班级都在进行选拔赛。为了调动所有同学的参赛热情,老师规定全班同学都以"我的家乡"为名,写一篇演讲题材的文章,然后利用晨会和夕会的时间,轮流上台演讲。张坤虽然很擅长写作文,但是他只喜欢用文字表达自己,而不喜欢声情并茂的演讲。木讷寡言的他,甚至很排斥演讲。为此,轮到张坤演讲的时候,他一直低着头面无表情地念演讲稿,丝毫没有语调抑扬顿挫、感情上激情澎湃的感觉。张坤演讲完,老师情不自禁地说:"张坤的文字表现力很强,可惜演讲的能力有待加强,可惜了这篇好作文啊!"后来,张坤的同桌上台演讲。和张坤的性格恰恰相反,同桌是一个特别热情奔放的女孩,就算念药品说明书,她也能念得打动人心。为此,虽然同桌的作文写得很一般,但是在她富有渲染力的朗读之下,赢得了同学们的热烈掌声。

看到同桌的演讲这么成功,张坤不由得感到很自卑。他一直低垂着头,似乎犯了什么错误。选拔赛结束后,老师和同学们一起挑选出五名同学进行班级里的复赛,最终要从这五名同学里选出一名同学,参加学校的演讲比赛。老师找到张坤,说:"张坤,可以把你的作文给他们当成演讲稿吗?"张坤受宠若惊,有些难以置信地看着老师:"但是老师,我很差劲,我怕耽误其他同学的发挥。"老师说:"你怎么这么说呢,你的演讲稿是全班最好的,

第八章　自卑如同人生中绵延的雨，清除自卑孩子才能阳光灿烂

只不过你不擅长演讲而已。每个人内心里都有感情，你是把感情放在心里，变成文字写出来，他们是把感情放在演讲之中，用声情并茂的语言表达出来。你们各有所长。"张坤有些不敢相信地问："老师，你说的是真的吗？我也有可取之处吗？"老师点点头，说："当然！"张坤兴高采烈地拿出演讲稿，把它贡献给那些擅长演讲的同学使用。果然，有个同学用这篇演讲稿，在学校的演讲比赛里获得了一等奖。老师拿着奖状当着全班同学的面说："这个奖项，是张坤和参加演讲的同学一起得到的，'军功章'里他们每人一半！"张坤听后激动不已。

在这个事例中，因为演讲表现不理想，张坤感到很自卑，甚至全盘否定了自己的演讲稿。他越是拿自己的短处和同学的长处比较，越是感到自卑，甚至怀疑自己一无是处。后来，参加演讲的同学用张坤的演讲稿赢得一等奖，老师也大力肯定张坤，这才让张坤找回自信。

青少年的自尊心很强，内心敏感脆弱，所以对于他们而言，哪怕遭遇小小的难处，他们也会因此而情绪起伏不定。在这种情况下，青少年要有意识地降低自己的自尊心，不要那么敏感，要看到自己的优点和长处，认可自己，综合评价自己。只要在人生的道路上始终处于进步的状态，青少年就要为自己点赞，不要拿自己的缺点与他人的优点做比较而陷入自卑的情绪之中无法自拔。这个世界上，并没有绝对完美的人存在，每个人都是优缺点的综合体，所以要准确认知和客观评价自己，这样才能激励自己不断地努力和进取，也才能在此基础上获得更大的进步和更好地成长。

身体发肤受之父母，不因外貌而自卑

人的长相是天生的，取决于父母的遗传基因，是没有办法改变的。现代社会，虽然不主张以貌取人，但是以貌取人的事件还是很多。这是对人错误的评判标准，青少年不应该受到这种错误观念的影响，而应端正心态，意识到身体发肤受之父母，从而对于自己的容貌身材等天生的条件，坦然接受，绝不能因为外貌的不如意就感到自卑。

随着国门的不断打开，有很多人都对整容特别热衷，他们之中没钱的在国内整容，有钱的去国外整容，尤其是很多明星为了拥有完美的容颜，更是不惜整容若干次。这些社会现象给青少年带来了不良影响，导致青少年在成长的过程中越来越关注容貌，甚至因为容貌不如意而感到苦恼。其实，这完全没有必要。父母给了我们生命，也给了我们不同于他人的容貌。正是因为这样的容貌，我们才能与他人区别开来，也才能成为独特的自己。正如一个名人所说，这个世界上并不缺少美，缺少的只是发现美的眼睛。实际上，每个人的身上都有美的闪光点，作为青少年，应该更多地看到父母赐予自己的与众不同，而不要只是盯着不如意的地方感到懊丧。

此外，青少年还要形成正确的审美观念。有些人以"高富帅""白富美"为标准，却不知道真正的美来自天然。很多女星年轻的时候秘密去整容，用失去本真面目为代价换取暂时的美丽。随着时间的流逝，年龄越来越大，很多整过容的女性开始出现整容后遗症，面部僵硬如同橡皮娃娃的女星比

第八章 自卑如同人生中绵延的雨，清除自卑孩子才能阳光灿烂

比皆是，甚至还有些女性笑的时候因为肌肉僵硬出现嘴巴歪斜的情况。这对于女性而言简直就是一个噩梦，相信她们之中一定会有人感到后悔。所以，虚假的容颜无论多么美丽，都禁不起岁月的摧残，而且也没有真实的容颜那么美丽优雅。真正的美，是尊重生命、尊重大自然的鬼斧神工。作为青少年，一定要有正确的审美观，也要对父母赐予自己的一切心怀感恩。

淑红是个苦命的孩子，爸爸在她很小的时候就去世了，她和妈妈相依为命。为了淑红，妈妈一直没有改嫁，就这样守着淑红，守着家。转眼之间，10年的时间过去了，淑红已经是一名高中生了，是个大姑娘了。但是进入高中之后，淑红突然发现身边的女同学似乎一夜之间都变得特别美丽惊艳，她们身材窈窕，穿着时尚，而淑红就像一只丑小鸭，脸上长满雀斑，塌鼻梁，身材矮胖。正因为如此，即使学习成绩很好，淑红在班级里也总是非常自卑，常常觉得抬不起头来，也不知道如何与同学们相处，因而特别孤僻，每天都独来独往。

淑红把这一切都归结于长相，她认为如果自己变得漂亮，就可以和同学们保持平等的关系，也可以和同学们一起玩耍了。为此，她动起了整容的心思。经过一番询问，淑红意识到要想垫高鼻梁，至少需要几千元钱，而去掉雀斑，也需要1000多元。因为没有那么多的钱，淑红决定先去掉雀斑。淑红有1000元压岁钱，还有每个月的零花钱。趁着暑假的时间，淑红谎称和同学出去玩几天，自己悄悄地去治疗雀斑。然而，淑红的脸部因为过敏，眼睛肿得睁不开，为此，她不得不打电话向妈妈求助。妈妈看到淑红，当即就气得哭了起来："这是怎么了？这是怎么了？你这个孩子

可真是让人不省心啊!"妈妈赶紧带着淑红去医院里治疗,医生说淑红面部大面积感染,幸亏来得早,否则侵入皮肤里面,还会影响视力呢。这件事情之后,淑红受到教训,再不想着去整容了。

妈妈也语重心长地对淑红说:"孩子,每个人长得什么样子,是老天注定的。现在有那么多的化妆品,等到你长大了,可以用化妆品来美化自己,但是不要想着改变容貌啊!"淑红感到非常懊悔,接受了妈妈的批评。

很多青春期女孩对自己的长相都不满意,却没有想到不管长得漂亮还是一般,这都是从父母那里得到的。一个女孩如果嫌弃自己的长相,她们就不会悦纳自己,自然会陷入自卑的泥沼中无法自拔。其实,不管是高矮胖瘦,或者是容貌,都是一出生就注定的。与其因此而郁郁寡欢,不如快乐地做自己,这样才能找回生命的从容。

和女孩相比,男孩更加纠结的问题是身高。很多男孩都因为自己的身高问题而苦恼,他们不喜欢矮小的身材,梦想着能够长得高大强壮,不得不说,遗传基因在孩子长得是高还是矮方面起到重要的作用。除此之外,只能通过在成长阶段多摄入奶制品补钙,才能促进身高发育。当然,即便注定是一个身材矮小的男孩,也不要感到自卑,因为评价一个人需要从多方面进行,不仅仅有身高这一条标准。如果身高的遗憾不能弥补,男孩不仅可以通过努力学习增强自己的学识,也可以通过体育锻炼增强自身的体格。这样一来,男孩就会变得开朗乐观,积极向上。

总而言之,每个人都不可能非常完美,命运总是公平的,在给一个人关上一扇门的同时也会打开一扇窗。作为青少年,要悦纳父母赐予自己的身材和容貌,也要努力增强自身的实力,帮助自己全面、均衡发展,变得越来越优秀。

第八章　自卑如同人生中绵延的雨，清除自卑孩子才能阳光灿烂

穷养孩子一定对吗

近年来，随着经济的发展，生活水平的提高，家家户户的生活条件越来越好，又因为大多数家庭只有一个孩子，所以父母们总是倾尽全力给孩子提供最好的生活条件。渐渐地，孩子们越来越骄纵，也形成了以自我为中心的想法。为此，有人提出要穷养孩子，觉得孩子必须穷养，只有让孩子多吃苦，未来孩子才能成才。这么说未必正确，却也有一定的道理，对于这样的观念应该采取辩证唯物主义的方法来分析，才能找到教养孩子的正确方法。

让孩子吃苦，磨炼孩子的意志力，修炼孩子的心性，让孩子在成长的过程中形成优秀的品质，这是很重要的。但是未必要以穷养的方式进行，例如，和孩子进行户外拓展训练，也可以磨炼孩子的毅力，让孩子变得更加坚毅顽强。当然，凡事皆有度，过度犹不及，不穷养孩子，未必意味着要给孩子过于丰厚的物质条件。孩子如果始终生活在优渥的环境之中，他们很容易变得好逸恶劳。所以，是否穷养孩子，要取一个中间值，即给孩子提供一定的物质条件，给孩子提供机会开阔眼界，而不要为了所谓的穷养，就故意把孩子闭塞在艰难的生活环境之中。

很多父母把穷养孩子发挥到极致，故意在孩子面前装穷、哭穷，明明可以给孩子提供以获得更好的成长的机会，却只给孩子提供简陋的生活。不得不说，钱虽然不是万能的，但是没有钱是万万不能的。在金钱的支撑下，

父母可以带着孩子多出去走走看看，从而开阔孩子的眼界，帮助孩子更好地成长，这对于孩子的成长而言至关重要。有的时候，如果家庭环境过于艰苦，孩子的视野很狭窄，他们也会陷入自卑的状态，甚至觉得自己很多方面都不如别人，也因为看到父母那么辛苦却无法把生活经营得更好而承受巨大的压力。

  展鹏是个特别懂事乖巧的孩子，经常表现出和年龄不相符的沉默。其实，展鹏学习成绩很好，家庭经济条件也处于中产行列，为何他这么自卑呢？有一次，老师推荐展鹏参加奥数比赛，听说要去外地，还要吃住在外地好几天，展鹏拒绝了老师的好意。老师百思不得其解，毕竟这是个千载难逢的好机会，好多同学想去还没有机会呢，为此老师联系了展鹏的妈妈。

  妈妈听完老师的讲述，当然很支持展鹏参加比赛。为此展鹏一回到家里，妈妈就做展鹏的工作，对展鹏说："展鹏，这个机会多么难得，你一定要去参加。"展鹏欲言又止，妈妈继续说："你不能拒绝啊，这个机会是很多同学求之不得的呢！"这个时候，展鹏似乎鼓起很大的勇气，终于对妈妈说："妈妈，参加比赛要去外地，还要在外地吃住好几天，要交很多钱呢！"妈妈正想脱口而出"咱家有钱"，但一想起要穷养孩子，她立刻改口说道："没关系，只要你有出息，妈妈就想办法去借钱。"其实，妈妈的确有钱，只是为了不给展鹏留下家里有钱的印象，妈妈才总是在展鹏面前哭穷。有的时候展鹏想买稍微好一点的书包，妈妈总是说家里没钱，渐渐地，展鹏以为自己家里生活条件很差，所以他也就不再提出要求。但是在学校里，每当展鹏拿出老掉牙的文具时，就会被同学们嘲笑，所以他越来越自卑。这次被老师邀请参加比赛，

第八章 自卑如同人生中绵延的雨,清除自卑孩子才能阳光灿烂

展鹏也是考虑到家里的经济条件,才选择拒绝老师的。

在这个事例中,妈妈无疑把穷养发挥得过度了,才导致展鹏误以为家里很穷,并为此非常自卑,不管做什么事情都畏手畏脚。其实,这样的穷养孩子,剥夺了孩子无忧无虑的童年,让孩子过早地因为家里的经济条件而背负沉重的负担,也因为没有给孩子提供更多开阔眼界的机会,导致孩子眼界闭塞。

既然穷养孩子的目的是锻炼孩子的能力,磨炼孩子的心智,那么作为父母,就不要流于形式,或者只注意穷养的形式而忽略内容。只要不给孩子提供过分优渥的条件,不让孩子养成奢侈和浪费的坏习惯,在家庭条件允许的情况下为孩子提供更好的成长环境和条件,是完全有必要的。此外,穷养孩子的目的,也可以通过其他方式锻炼孩子,既然如此,就没有必要一定要固守穷养的原则对待孩子。很多事情,都有变通,作为父母,在教养孩子的过程中更要考虑利弊,这样才能最大限度地激发孩子的潜能,帮助孩子健康快乐地成长。

第九章
人生不如意事十之八九，唯有宣泄才能保证情绪的畅通

人生不如意十之八九，没有任何人可以保证自己在成长的过程中始终顺心如意。尤其是青少年正处于青春叛逆期，因为身心发展的巨大改变，也因为生存的外部环境变得更加复杂，所以难免会面对更多的不如意。为了保持情绪的河流畅通，青少年一定要学会疏通和发泄情绪，只有这样才能保持情绪愉悦，也能让自己健康快乐地成长。

不给自己贴上情绪标签

情绪并非是一成不变的,甚至对情绪起到一定作用的性格,在情绪中的作用也未必有那么大。从这个角度而言,通过主观的努力,人是可以循序渐进改变情绪的。最重要的在于,不要向情绪妥协,不要在与情绪相处的过程中败下阵来。

很多青少年之所以总是陷入某种负面情绪中无法自拔,有一个至关重要的原因,那就是他们常常给自己贴上情绪的标签。众所周知,在教育孩子的过程中,父母不能给孩子的负面行为贴标签,就是为了避免强化孩子的行为。同样的道理,青少年在面对自身情绪的时候,也不要给自己的情绪贴上标签,否则情绪与青少年个体之间就多了一层黏合剂,导致无法摆脱情绪的影响。此外,父母在面对青少年的负面情绪时,也要注意多引导青少年,而不要任由青少年的情绪朝着负面发展。当发现青少年给自己贴上情绪标签的时候,父母一定要及时引导,杜绝此类事情的发生。只有双管齐下,让青少年远离情绪标签,青少年才能尽快从负面情绪中摆脱出来。

张丹是个特别腼腆的男孩,从小就很害羞,胆怯内向,不喜欢说话。进入青春期之后,他还是沉默寡言,有的时候老师点名让他回答问题,他也总是推脱。有一次,老师在张丹拒绝回答问题后,说张丹有畏难情绪,自此之后,张丹的内向表现得更加明

第九章　人生不如意事十之八九，唯有宣泄才能保证情绪的畅通

显，畏难情绪也很浓重。每当有人说他退缩，他总是告诉别人："我太内向了，不喜欢说话，而且还有畏难情绪，这很难改变。"这似乎成了张丹的挡箭牌，每当遇到无法面对或者不想面对的问题时，他就会这样形容自己。就这样，他胆怯懦弱的性格给他的生活带来了很大的影响。

有一次，学校里举行数学竞赛，老师推荐张丹参加，张丹还是一如往常地拒绝了。对于张丹的表现，妈妈非常失望，尤其是在听到张丹的解释之后，妈妈更是气得把手中的杯子狠狠地摔到地上，说："从现在开始，你的情绪标签就被我像杯子一样摔碎了，不要再提起什么内向、畏难，我不想听到，这也不是你的借口。"张丹被妈妈吓到了，陷入了沉思。后来，在妈妈的督促和鼓励下，张丹开始有意识地调整心态，逐渐改变对待很多事情的态度。

在这个事例中，老师无心之间说出来的一句话，被张丹捡来作为情绪标签，牢牢地贴在自己的身上。他非但没有因此而警醒，反而把自己囚禁起来，总是自称内向胆怯、有畏难情绪，从而逃避很多事情。正因为如此，张丹才始终无法得到进步，也总是在成长的过程中陷入困境。

父母尤其需要注意的是，在孩子心目中，父母对于他们而言至关重要，父母的言行举止对孩子的影响力很大。作为父母，一定不要随意给孩子贴上标签，当发现孩子给自己贴上负面标签的时候，也要及时制止，这样孩子才会情绪稳定，心态健康。每个人都是复杂的生命个体，不但有自己的思想意识，也有自己的态度观念和脾气秉性。父母切勿把孩子看得太简单，因此在与孩子沟通的时候，不要总是不以为然。要知道，即使再小的孩子，也有独立的思想和意识，父母要尊重和平等对待孩子，才有助于孩子形成良好的品格和稳定的心理状态。

如果发现孩子已经给自己贴上了标签,就要创造打破标签的机会,例如,让孩子突破自身的能力,取得更好的发展;让孩子挖掘自身的潜力和闪光点,从而发现自己的优势和长处,形成自信力。总而言之,要从各个方面让孩子摆脱负面情绪和消极影响,只有这样才能形成积极阳光的心态,拥有正面向上的力量。

第九章　人生不如意事十之八九，唯有宣泄才能保证情绪的畅通

学会共情，宽容和理解他人

通常情况下，愤怒情绪的产生，是人际交往中人与人之间不能做到和谐相处，也不能相互理解和宽容导致的。要想有效改善人与人之间的关系，就要学会共情，宽容和理解他人，这样才能让人际关系变得缓和，也才能让人与人之间的交往更加顺利。

现代社会，大多数孩子都是独生子女，从小在父母的呵护下无忧无虑地成长，不知不觉间就把自己当成整个宇宙的中心，考虑问题也只从自身角度出发，而忽略他人的需求。因而，青少年在成长过程中，要有意识地从主观主义的影响之中跳出来，尽量站在他人的角度上，设身处地地为他人考虑问题。唯有如此，才能与他人产生共情，从而有效地宽容和理解他人。对于孩子们而言，这么做很难，却并非完全做不到。所谓共情，就是产生与他人相似或者相同的感情，因而能够理解他人、体贴他人。

与他人产生共情时，青少年原本对于他人完全不能理解的心情，就会有所改善。原本，青少年的人际关系因为费解、误解等各种原因而变得紧张。有了共情之后，这样的费解、误解等情绪就会逐渐消除，他们可以理解他人的苦衷，也愿意尊重他人的选择。由此可以看出，共情是促使人际关系顺利发展的关键因素，也是增进感情的必要条件。

有次考试的时候，大丁原本想向好朋友刘欢求助，因而在考

试过程中好几次戳刘欢的后背，踢刘欢的板凳，只想让刘欢把试卷给他看一看。没想到，刘欢坐得端端正正，稳如泰山，根本不为大丁所动。最终，大丁只好空了很多道题目，就把试卷交上去了。大丁简直恨死刘欢了，考试结束后，刘欢虽然跟在他身后喊他，他也假装没听到。

又过去几天，大丁的情绪才恢复平静。刘欢借此机会向大丁解释："大丁，不是我不想帮你，你也知道的，帮你作弊是有风险的，万一被老师抓到，还得叫家长。我爸爸最近刚刚做完大手术，不能动气，我不想给他们添堵。"听到刘欢这么说，大丁心中释然："哎呀，我把这件事情给忘记了。的确，你爸爸手术才没多久，你不能惹爸爸生气。哎，幸亏你没帮我，不然万一被老师发现，我可是罪过大了。"这件事情之后，大丁和刘欢依然是好朋友，但是他再也没有强求刘欢帮他作弊。他还告诉刘欢："我还记得姥姥生病住院的时候，整个人都很虚弱，一点儿都不能生气，否则病情就会反复。放心吧，好哥们，我不会再为难你了。"

大丁一开始不理解刘欢为什么拒绝帮助他，直到刘欢说清楚原因，大丁才恍然大悟。想起姥姥曾经生病的样子，大丁与刘欢产生共情，也理解了刘欢不想惹爸爸生气的想法。正因为如此，大丁心中对于刘欢的怨恨才彻底消除，他也真正把刘欢当成好朋友。

人与人之间常常会产生误解，误解如果不能及时消除，就会导致严重的后果。所以，在误解产生之后，既要及时沟通，也要尽量设身处地地站在他人的角度思考问题，这样，才能让误解烟消云散，也才能加深彼此的感情，拉近彼此的关系。感情上的共鸣及对他人的理解和尊重，是人们建立良好关系的基础。青少年不管是维护已有的人际关系，还是拓展新的人

第九章 人生不如意事十之八九，唯有宣泄才能保证情绪的畅通

脉资源，都要坚持这个原则。

当然，共情也是需要技巧的，有很多方法可以使用。例如，要站在他人的角度思考问题，以他人的需求作为出发点；再如，设身处地地为他人着想，或者假想自己是他人。这样一来，才能有效地感知他人的情绪，从而在与他人相处的过程中深入体察他人情绪，顺利建立和发展与他人的关系。当然，青少年正处于青春叛逆期，身心都在快速发展，体内分泌出大量激素，这导致青少年很容易情绪冲动。在这种情况下，青少年更要学会与他人共情，这样才能避免对他人过分挑剔和苛责，也才能有效地理解他人，宽容他人。随着青少年的不断成长，人生阅历的渐渐增多，青少年的人生经验越来越丰富，也就可以轻松地理解和体贴他人，从而做到与人为善。

愤怒来袭，合理宣泄情绪

愤怒是一种非常强烈的情绪，如果始终淤积于心，就会对人的身体健康、心理和情绪稳定都造成严重的影响和负面作用。尤其是青少年原本就容易情绪冲动，面对愤怒来袭，一定要找到合理的方式宣泄出来，否则等到愤怒在心中越积累越多，就会导致青少年陷入被动的情绪状态，无法从负面情绪中脱身，给自己带来严重的负面影响。

情绪就像是流动的水，既要有来处，也要有去路，这样才能始终保持畅通，保持新鲜的品质。如果把情绪的河流拦腰截断，则情绪淤积在某一个地方，或者引起决堤，或者导致情绪变质，对于青少年的成长绝没有任何好处。

当然，宣泄愤怒的方式有很多，诸如爱运动的人在感到愤怒的时候可以进行运动，在挥汗如雨中感受酣畅淋漓；爱唱歌的人在感到愤怒的时候，可以去KTV狂吼上几嗓子，似乎满心的郁气也随着放声歌唱而消散；还有的人喜欢读书，在与文字翩然起舞、共同徜徉的过程中，感受文字的魅力，也让愤怒烟消云散……愤怒来袭，青少年一定要增强自控力，控制好情绪，不要被愤怒的情绪控制和驱使，更不要屈服于愤怒的情绪。

很久以前，有个叫艾迪德的年轻人，有个非常奇怪的习惯，那就是每次生气的时候，就会回家绕着自己的房子和土地跑三圈。

第九章 人生不如意事十之八九，唯有宣泄才能保证情绪的畅通

然而，艾迪德很穷，他的房子很小，土地也只有一小块，为此每次生气，他总是很快跑完三圈。让人惊讶的是，跑完三圈之后，他就怒气全消，也就可以心平气和地继续努力劳作。

凭着努力和勤奋，艾迪德的房子越来越大，土地越来越多。他的习惯依然没有改变。每当生气的时候，就去绕着房子和土地跑三圈。渐渐地，村子里的人都知道艾迪德有个习惯，却不知道艾迪德为什么这么做。有人问过艾迪德，但是他只是笑笑，什么都不说。转眼之间，艾迪德已经成为全村最富裕的人，他有全村最大的房子，有全村最多的土地，还有了满堂儿孙。但是不管生活变得多么美好，艾迪德的习惯从未改变过，他依然会在生气的时候，气喘吁吁地绕着房子跑。渐渐地，他跑不动了，就开始绕着房子和土地走。有一天，艾迪德又在绕着房子和土地艰难地走，他最爱的小孙子问："爷爷，你为什么一生气就要绕着房子和土地走呢？现在，你是全村最富有的人，为什么还要这么做呢？"艾迪德摸摸孙子的头，说："乖孩子，爷爷年轻的时候很穷，每当和人争吵，绕着房子和土地跑步，我就会提醒自己'你有什么资格生气呢，你的土地这么少，你的房子这么小'。后来，爷爷老了，有了这么大的房子和这么辽阔的土地，与人争论的时候还会绕着房子和土地走，告诉自己'你已经拥有这么多财富，还有满堂儿孙，还有什么不满足的呢'。这么想着，我就不生气了。"孙子恍然大悟，原来爷爷是在用这种方式发泄自己的愤怒，保持情绪的愉悦啊！

艾迪德一旦生气就绕着房子和土地奔跑，提醒自己拥有什么，也提醒自己不要生气。此外，在奔跑的过程中，他心中的怒气也渐渐消散，为此

他才能消除怒气，让自己恢复良好的情绪。其实，每个人的脾气秉性各不相同，都应该有自己的方法消除负面情绪，诸如愤怒。只要是适合自己的，就是最好的，无须纠结于某种方法是否合适。

青少年在与人争长论短的过程中，也很容易与他人陷入争执或者矛盾之中。最重要的不是指责他人，而是要从自身出发，努力反思自身，也找到适宜自己的发泄怒气的方式，从而尽快地恢复良好的情绪。记住，气大伤身，所谓生气就是用别人的错误惩罚自己。从这个角度而言，原谅别人恰恰就是宽宥自己，放下对别人的愤怒，也就是给予自己更大的退路。

曾经有心理学家针对愤怒进行研究，发现人在平静状态下呼出的气体，不能使实验的溶液变色，而人在盛怒状态下呼出的气体，却会使实验的溶液变色。经过进一步实验还发现，愤怒状态下呼出的气体是有毒的。其实，愤怒不但会伤害人的身体，也会导致人的情绪剧烈波动，由此引发一系列的身体反应。例如，愤怒会使人血压升高，心脏跳动失常，情绪处于极度的崩溃状态，这些状态对于身心健康都是不利的。自古以来有不少人都因为盛怒而死。正因为如此，青少年在成长的过程中一定要增强自制力，有效地制怒，让自己成为情绪的主宰，也成为驱散愤怒的高手，只有这样才能让自己始终保持愉悦的情绪和良好的心态，也才能在成长的过程中更加积极地发挥主观能动性，从而让自己的人生努力向上，充实精彩。

第九章 人生不如意事十之八九，唯有宣泄才能保证情绪的畅通

积极沟通，架设心与心的桥梁

每个人都是群居动物，都需要在人群之中生活，实现自己的人生价值，证明自己生命的意义。然而，有人的地方就有江湖，有人的地方总是会产生各种各样的摩擦和争执。青少年如同一颗小行星，在与其他小行星相处的过程中，难免会有磕磕碰碰，甚至也会因为来不及避让而发生大的事故。在这种情况下，一定要积极沟通，只有这样才能架设起心与心的桥梁，避免因为误解导致事情的发展朝着相反的方向进行。

当然，沟通的方式有很多种，语言沟通中有直截了当、开门见山的方式，也有委婉隐晦、醉翁之意不在酒的方式，除此之外，面部表情、肢体动作等，也都可以起到很好的沟通效果。当然，具体采取哪种方式与他人沟通，要根据交往双方的性格和事情发展的具体情况进行权衡和定夺。例如，面对一个脾气耿直的人，与其遮遮掩掩、犹抱琵琶半遮面，不如坦坦荡荡，直接说出心中的困惑，这样反而能取得更好的效果。当然，如果对方的性格是很含蓄温婉的，那么就要避免采取莽撞的方式，让表达更容易为对方接受，这样也能取得更好的效果。总而言之，沟通看似简单，实则受到多重因素的复杂影响和综合作用，既要考虑到沟通各方的性格，也要考虑事情的进展程度，唯有面面俱到，才能选择最恰当的方式解决问题。

最近这段时间，因为妈妈生了小弟弟，所以娜娜无形中被妈

妈忽视了。妈妈每天都在照顾新生儿，根本没有时间关注娜娜，娜娜觉得自己就像是家庭里的隐形人一样，感到心中愤愤不平。但是娜娜已经是15岁的大姑娘了，她也知道新生儿需要更多的照顾，所以不好意思直接向妈妈请求关注。

有一天，学校通知同学们要外出春游，要求同学们准备好春游用品。娜娜不得不提醒妈妈家里还有她这个大姐姐呢，为此，她对妈妈说："妈妈，学校里要组织春游，是你帮我买东西，还是我自己买呢？"妈妈这才意识到自己已经很久没有关注娜娜了，为此抱歉地说："对不起啊娜娜，妈妈最近为了照顾小弟弟忙得昏头昏脑，忽略你了。"娜娜心潮起伏，却假装淡然的样子对妈妈说："没关系，妈妈，我已经习惯了。"听到这句话，妈妈并没有放心，她知道这是娜娜在抱怨自己已经被忽略太久了。妈妈很真诚地说："娜娜，妈妈真的忽略你太久了，妈妈接下来一定改正，好吗？"看到妈妈领略了自己的话，娜娜心中这才释然，说："您知道就好。那您给我钱，我自己去超市采购吧，您还得照顾小弟弟呢！"妈妈把娜娜拥抱在怀里，娜娜原本因为受到冷落而冷飕飕的心，突然间感受到了温暖。她感动地对妈妈说："妈妈，您需要买什么东西吗？我可以一起买回来。"妈妈由衷地赞叹："我的娜娜真的长大了，懂事了。"就这样，娜娜心中冰雪消融，拿着妈妈给的钱高高兴兴地去超市采购。

在这个事例中，娜娜之所以被妈妈忽视，是因为小弟弟的出生让妈妈手忙脚乱。对于妈妈的忽视，懂事的娜娜没有直接抱怨，而是委婉地告诉妈妈"我已经习惯了"。所谓知女莫若母，妈妈当然知道娜娜这句话的意思是在抱怨，所以再次真诚地向娜娜道歉，也向娜娜保证一定会改正。说完，

第九章 人生不如意事十之八九，唯有宣泄才能保证情绪的畅通

妈妈还给了娜娜一个温暖的拥抱。这样一来，原本因为被忽视而怨恨的娜娜，马上感受到妈妈的爱，也就不再抱怨辛苦的妈妈了。

现实生活中，每个人都需要与他人相处，也难免会因为各种琐碎的小事与他人产生各种矛盾和争执。如果心中感到郁闷，就一定要及时沟通，因为没有谁是谁肚子里的蛔虫，要想得到他人的理解，就要积极与他人进行沟通。至于沟通的方式，则要根据交往双方的不同性格以及事情的进展程度，进行理性的选择。只有采用恰当的沟通方式，青少年才能与他人进行顺畅沟通，也才能彼此理解和尊重，从而建立和维护良好的人际关系。

转移注意力，让忧郁的心情消散

青少年处于身心发展的关键时期，不但身体快速生长，也因为体内激素的大量分泌，使得他们的心理状态发展变化很快，情绪也处于随时随地的波动之中。如何才能帮助青少年保持情绪平稳呢？当情绪冲动的时候，青少年很容易在愤怒、焦虑、紧张等情绪的驱使下，做出冲动的举动，老司机都知道遇到红灯宁停三分、不抢一秒，青少年面临情绪的红灯同样应该如此。那么，在激动情绪面前暂停的好方法就是转移注意力。

青少年的激动情绪就像一列高速行驶的列车，要想突然刹车停下来，当然是不可能的，也会因为急速刹车带来不可预知的危险。在这种情况下，采取转移注意力的方式，相当于把这列列车转移到其他的轨道上，从而给情绪一个缓冲刹车的时间。这样一来，青少年就有了缓冲的时间，更有利于青少年学会控制情绪。

当然，情绪特别微妙，也分为很多种。有的情绪是复杂的，有的情绪是简单的，有的情绪是激烈的，有的情绪是舒缓的。除了对于激烈的情绪采取转移的方式之外，对舒缓的情绪也可以采取转移法。例如，当情绪忧郁的时候，就可以采取舒缓的方式处理好情绪，这样有助于在潜移默化之中用积极的情绪取代消极的情绪，也可以有效改善人的心情。当然，舒缓的负面情绪的发生也是相对缓慢的，采用转移法的时候也是未雨绸缪，起到了防患于未然的作用。

第九章　人生不如意事十之八九，唯有宣泄才能保证情绪的畅通

最近这段时间，雅丽时常觉得自己的心情阴郁得能够滴出水来。原本，作为初中生的雅丽正值青春好年华，应该心情轻舞飞扬才对，但是她偏偏不高兴，还时常陷入抑郁的情绪之中无法自拔。这是为什么呢？原来，雅丽的爸爸妈妈感情不好，正在闹离婚，他们希望由雅丽自己决定跟随爸爸或者妈妈生活。一直以来，妈妈照顾雅丽更多，雅丽和妈妈的感情也更深，但是一想到要失去爸爸，雅丽就很难受，也非常痛苦。她几次三番央求爸爸妈妈不要离婚，但是都被爸爸妈妈拒绝，爸爸妈妈离婚的事情似乎已经成为定局，再也无法挽回。

好朋友白灵察觉到雅丽的异样，因而询问雅丽到底怎么了。雅丽一开始不愿意说，架不住白灵软磨硬泡。她说出了心事，对于这件事情，白灵也感到很为难，表示自己无法帮助雅丽，但是可以借出一双耳朵，让雅丽随时倾诉。雅丽在和白灵说完所有事情之后，虽然问题没有得到解决，却也感到满心轻松。后来，雅丽经常和白灵倾诉，渐渐地，在白灵的劝说下，她终于能想得开，再也不因为爸爸妈妈离婚的事情而感到烦恼了。有的时候，白灵还会和雅丽一起出去玩，爬山、逛商场、吃美食，或者一起参加读书会、英语角，雅丽意识到即使爸爸妈妈离婚，她也可以生活得很快乐。后来，雅丽选择和妈妈一起生活，这样她的生活和此前没有太大的变化，也可以经常见到爸爸。

雅丽一开始之所以感到非常苦恼，是因为她总想和爸爸妈妈一起生活，不愿意接受爸爸妈妈离婚的事实，为此她总是纠结于这件事情，导致每天满脑子想的都是这件事情。后来，因为向好朋友白灵倾诉，雅丽渐渐转移

了注意力，意识到父母的婚姻状况不是以她的意志力为转移的，也就接受了父母要离婚的事实。在此期间，白灵经常和雅丽一起积极地参加活动，让雅丽把注意力转移到生活中有趣的一面，这样一来，雅丽的生活更充实，更生动有趣，也就不会把所有注意力都集中在不如意的方面了。

　　转移注意力的方法有很多，除了可以向好朋友倾诉之外，还可以多读书。所谓读万卷书，行万里路，虽然足不出户，但读书可以带着青少年领略世间的风情。除了读书，也可以进行各项娱乐活动，比如，可以去福利院做义工，让自己的生活更加充实，眼界更加开阔，这样就不会因为各种小事情而导致生活受限。总而言之，人生中有很多有意义的事情需要去做，我们要把有限的生命用到更多有意义的事情中去，这样才能让生命变得更加充实且丰富精彩。

第十章

要心动不要行动，让早恋成为孩子心中的蓝莲花

正如伟大的诗人所说，哪个少女不善钟情，哪个少男不善怀春。对于正处于美妙青春期的少男少女而言，他们曾经因为害羞而对于异性避之不及，却因为这个特殊阶段体内激素大量分泌，让他们对于异性产生了强烈的好奇心，很想窥探两性关系的奥秘。很多父母一旦提起早恋，就如临大敌。其实早恋不是洪水猛兽，只要得到正确的引导和尊重的自由空间，青少年不仅会初尝恋爱的美好滋味，还能把控好自己，绝不做出逾越规矩的事情。

早恋真的是苦果吗

对于在青春时期的恋爱，人们将其笼统地称为早恋，这是因为青春期的孩子虽然萌发对异性懵懂的好感，也对异性充满强烈的好奇心，但是他们并不真正懂得爱情。早恋，顾名思义就是过早地谈恋爱，从"早恋"这个名称上，也可以看出父母对于早恋的态度。然而，当父母们视早恋如同洪水猛兽的时候，青少年并不认为自己是在早恋。他们相信自己已经洞察了爱情的真相，也领略到爱情美好的滋味，为此，他们很愿意在恋爱到来之初，就全身心投入、轰轰烈烈地去爱。细心的人也会发现，大多数飞蛾扑火般的爱情都发生在懵懂无知的青春期，这是因为青少年自以为很爱对方，也认为爱情就是生命的全部，所以他们才会义无反顾地对于所谓的爱情投入那么多，完全失去理智。越是遭到父母反对的早恋，青少年们越是奋不顾身去爱，他们不以为父母是真心为了他们好，而觉得自己是对的。

对于人们常说的"早恋是苦果"青少年也往往持有不同的态度：凭什么说早恋就是苦果呢？历史上，那些青梅竹马、两小无猜的爱情不是很好吗？的确，从本质上而言，恋爱并没有早晚之分。在古代社会，女子无才便是德，很多女孩才十几岁就嫁为人妇。但是现代社会相比古代社会而言，发展速度很快，而且社会结构也有了翻天覆地的变化。曾经的女主内、男主外的家庭模式已经不复存在，女人不但要和男人一样接受教育，也要进入社会，支撑起半边天，和男人一样叱咤职场。新的社会角色和社会任务，

第十章 要心动不要行动，让早恋成为孩子心中的蓝莲花

赋予男孩和女孩同样的重任。科学的发展也为人们揭示了一个真相：青春期只是一个人处于从童年到成年的过渡阶段，根本没有真正成熟。所以，在应该以学业为重的青少年时代，父母、老师等才禁止孩子们谈恋爱。

此外，现代社会的孩子们的未来有太多的不确定性。对于一个十几岁的孩子而言，只有认真学习，将来才可能考入理想的大学，人生的画卷才能真正展开。所以，在学习的黄金时期——青春期，孩子们理应以学习为主要任务，而不要把过多的时间和精力用于谈恋爱。当然，如果真的不小心喜欢上某个同龄人，甚至是比自己大的异性，也无须紧张。爱情有一种奇妙的特性，那就是越被压抑，越会以强大的力量反弹。明智的父母发现孩子早恋会引导他们，孩子自身在意识到早恋的苗头时，也应该顺其自然，例如把更多的时间和精力用于学习，从而渐渐地转移注意力，而不要总是压抑自己，否则只会让早恋的火苗愈演愈烈。

当然，对于早恋的苗头，如果不加以正确引导，会引起更严重的后果。通常情况下，在青春期，女孩的心理发育比男孩更早。相比同龄的女孩和男孩，女孩总是显得比男孩更加成熟。如今，发生性行为的青春期少年越来越多，尤其是女孩因为没有性知识，也不懂得如何避孕，一旦不小心怀孕，就会给身心带来严重的创伤。作为父母和老师，对于青少年早恋的现象一定要有足够的重视，也要不露痕迹地以恰到好处的方式引导他们，这样才能起到积极的作用。记住，哪里有压迫，哪里就有反抗，如果作为父母和老师总是以强权压制青少年，就很容易导致事与愿违。

妈妈从未想过，看起来温顺乖巧的小雪居然会早恋。妈妈发现小雪早恋，完全是无意的。有一天，妈妈下班比较早，正好赶上小雪放学时间，就绕路到学校门口去等着接小雪，想给小雪一个惊喜。然而，妈妈等了很久都没有看到小雪出校门。正当妈妈

停好车，准备去教室里找小雪的时候，发现小雪和一个瘦瘦高高的男孩一前一后下了楼。妈妈开车缓缓地跟着，看到小雪和男孩走出学校很远后才小心翼翼地牵起手，继续朝前走去。他们一路上有说有笑，走到一个岔路口准备分开的时候，男孩还拥抱了小雪。妈妈只觉得脑袋"嗡"地一下子大了，她又不敢把这件事情直接告诉脾气火暴的爸爸，只好打电话向闺密倾诉。

听完妈妈讲述的情况后，闺密不以为然地说："我还以为多大点儿事情呢！难道你上学的时候没有喜欢的男生吗？"妈妈说："有，但都是隐藏在心里的，哪里会这么明目张胆地去做啊！"闺密又说："这都多少年过去了，难道还不允许孩子们在爱的开化方面有一些进步吗？"听到闺密还在开玩笑，妈妈急了："哎呀，我都急得上火了，你还在逗我。你到底有没有办法，没有我就挂电话了哦！"闺密赶紧对妈妈说："老朋友，你可千万别迂腐。在西方国家，这么大的孩子谈恋爱是可以光明正大进行的，只不过咱们的传统思想无法接受而已。你听说过一句话吗，哪里有压迫，哪里就有反抗。我建议你，一定要稍安勿躁，不如先观察一段时间，然后找机会旁敲侧击提醒小雪。总而言之，在事情发展还可控的情况下，你最好假装什么也不知道，否则一旦挑明了，你就会非常被动。"在闺密的劝说下，妈妈好不容易才控制住当即要去质问小雪的冲动。就这样观察小雪一段时间后，妈妈发现小雪一切正常，学习成绩也没有波动，这才渐渐放下心来。有的时候，趁着爸爸不在家，妈妈还会和小雪说些悄悄话引导小雪。后来，初中毕业升入高中，因为不在同一所高中，小雪和那个男孩只能进行书信往来。最让妈妈惊奇的是，小雪为了和优秀的男孩考入同一所大学，非常努力学习，成绩大幅度提升，最终如愿以偿地

第十章 要心动不要行动,让早恋成为孩子心中的蓝莲花

考入名牌大学。至此,妈妈非常庆幸自己没有戳穿小雪,也让小雪在爱情的激励下不断努力进取。

在这个事例中,小雪和男孩都是非常具有自制力的,所以他们才能为了共同的目标而不懈努力,也让一段感情得到了祝福。当然,这样的结果在早恋的青少年之中是很罕见的,前提是青少年要把压力转化为学习的动力,彼此激励和支持。但是有一点可以肯定,那就是妈妈以静制动的态度。如果妈妈当时无法控制自己,坚持要向小雪问个明白,那么很有可能促使小雪和男孩的恋情向前发展。正是在这样的自由状态下,小雪才有时间思考,也才可以做出明智的选择。然而,大多数早恋的恋情都是无疾而终、不了了之,这也是不错的结果。

作为父母,千万要摆正对待早恋的态度,不要把早恋视为洪水猛兽,更不要在无形之中成为早恋的推手。父母要相信青少年有一定的自控能力,也要本着尊重青少年的态度,给他们更多的空间,让他们健康快乐地成长。通常情况下,早恋都是一方爱慕另一方的身材容貌、品质才华等,随着不断的成长,青少年的内心趋于成熟,双方对于爱情的期望也在不断发展和变化,很有可能就会改变初心。大多数早恋都是昙花一现的感情,父母只要起到监管的作用即可,不要过度干涉。

暗恋的感觉就像怀揣小鹿

　　偷偷地喜欢一个人，而不被对方所知晓，这是与普通恋爱的两情相悦不同的单方面喜欢，又被称为单恋。喜欢一个人，但是从来不敢说出口，只是把情感默默地放在心里，这就是暗恋。暗恋的感觉是非常奇特的，当陷入暗恋之中，青少年就会去情不自禁地想要见到喜欢的人、听到对方的声音，但是真正接近对方的时候，又会感到心跳加速、面红耳赤，恨不得马上躲起来。不得不说，这样矛盾和复杂的感情，始终在折磨着陷入暗恋状态的青少年。

　　暗恋总是偷偷进行的，被暗恋的人也许知道自己得到了他人的喜欢，也许不知道，但是有一点可以肯定，那就是主动爱着的那一方一定未曾明确表白。前文说过，恋爱并没有早晚的年纪区别，只不过因为青少年要以学业为主，所以青少年的恋爱才会被冠以"早恋"的称呼。在青春期，男孩暗恋的情况更为常见，他们的心理发育比起女孩相对滞后，因此他们总是默默地喜欢女孩，却不敢明确表白。当然，对于青春期的男孩而言，暗恋的状态是非常糟糕的，他们就像怀揣着一只小鹿，心怦怦乱跳，表面上还要装作旁若无人。那么，如何有效减轻青少年暗恋的种种症状呢？

　　自从升入高一，心理上成熟较晚的张周才突然开窍：怪不得初中的时候总是传说某个女生和某个男生在恋爱呢，我居然也喜

第十章　要心动不要行动，让早恋成为孩子心中的蓝莲花

欢上了一个女孩！张周生性腼腆，性格内向，虽然喜欢的女孩就坐在他的前面，但是他始终不敢向女孩表白。每天上课的时候，看着女孩的背影，张周常常出神，导致学习成绩有了很大退步。最让张周难以启齿的是，他还常常在对女孩的好感之中发生生理反应，这让张周产生罪恶感。

有一段时间，张周对于女孩的暗恋达到了无法自制的程度，他在夜晚时常常翻来覆去不能入眠，到了白天的时候，又总是呵欠连天，上课都没精神。爸爸看出了张周的异样，询问张周是否在恋爱，却遭到张周的矢口否认。看着张周羞涩的神情，爸爸猜得八九不离十。一个周末，趁着张周也在家里休息，爸爸建议张周一起去爬山。经过一天的高强度运动，晚上回到家里，张周冲了热水澡之后倒头就睡。次日，张周起床后兴致勃勃地对爸爸说："爸爸，以后咱们要经常去爬山，我昨天头一沾枕头就睡着了，睡得特别香，很久都没有睡得这么好了。"爸爸当然愿意，因为进行一定强度的体育训练，正是爸爸帮助张周发泄多余精力的计划。后来，爸爸经常和张周一起去爬山，渐渐地父子俩的关系越来越亲近，感情也加深了，张周还把自己暗恋一个女孩的事情告诉了爸爸。爸爸不以为然地说："哈哈，哪个男孩在青春期没有暗恋过女孩呢，这是完全正常的。"在爸爸的安抚下，张周心理上的沉重负担得以消除，变得越来越轻松与快乐。

和有些男孩觉得暗恋理所当然不同，内向腼腆的张周对于暗恋还有些害羞和畏惧，为此他背负着沉重的负担。幸好爸爸发现张周的异样，也意识到青春期男孩会精力过剩，所以主动提出和张周一起去爬山。

对于青春期男孩而言，对异性产生好感完全是正常的，最重要的是，

要以正确的态度面对自己萌动的感情，既不要放纵，也不要过分压抑，尤其是要减轻心理上的负担。从生理的角度而言，青春期男孩精力旺盛，常常有多余的精力无处发泄，可以适当地进行体育锻炼或者户外活动，来发泄多余精力，改善睡眠状态。此外，还可以经常找机会与异性相处，这样一来就可以降低对异性的好奇，也减弱异性对男孩的吸引力，从而让男孩做到平心静气地与异性相处，自然有助于与异性之间建立良好的关系。当然，为了避免出现情不自禁的情况，男孩还要有意识地避免和自己所暗恋的异性单独接触，即使必须接触，也要在人多的公开场合，这样才能增强男孩的自控力，避免做出逾越规矩的事情。总而言之，青少年有爱情的需要，对异性充满好感是完全正常的，无须过分紧张，只要从容应对即可。

第十章　要心动不要行动，让早恋成为孩子心中的蓝莲花

对异性一视同仁，让心情波澜不惊

有人说，青春期是开满鲜花的沼泽地，弥漫着迷人的芳香，又隐藏着无数的危险。这句话非常有道理。青春期既是人生中最美好的时期，也是人生中最懵懂无知和情感冲动的时期。所以对于青春期，青少年一定要端正心态，也要注意控制好自己，才能建立和维护良好的人际关系，避免危险的发生。

之所以说青春期非常危险，是因为青春期的青少年身心都快速发展，感情也非常强烈，情绪更容易冲动。由于激素的大量分泌，青少年的第二性征逐渐形成，身型上越来越接近成年人。但是和身型的发育成熟相比，青少年的心智发展相对滞后，为此他们在面对很多事情的时候，常常因为冲动而失去自控力，也无法保证自己做出正确的选择和决定。也可以说，能否顺利度过青春期，对于人的一生都会产生深远的影响。

对于青少年而言，青春期的最大挑战之一就是与异性之间的关系。对于毫无经验的青春期男孩和女孩而言，要想做到与异性建立友好的关系，无疑非常困难。青春期男孩与女孩相处，因为异性相吸的原则常常使他们过于亲近，所以必须把握好合适的度，才能拥有健康适度的关系。从根本上来说，青春期男孩和女孩要建立友谊，就必须保持适度的关系，也可以说关系的远近亲疏直接决定了青少年是否能快乐地度过青春期。很多青春期少年，一旦见到异性就会面红耳赤、心跳加速，其实这样的过激反应，

主要是因为与异性接触太少。

在孩子们成长的过程中,对于异性的反应会经历几个阶段。第一个阶段是两小无猜阶段,处于幼年时期的异性之间没有隔阂,行为举止发乎天然。到了第二个阶段,也就是青春期初期,男孩与女孩之间会意识到性别的差距,因而彼此疏远,表面上做到了"男女授受不亲",这个阶段通常出现在小学中高年级,男生与女生几乎各玩各的,很少在一起相处。等到第三个阶段,也就是初中阶段,异性相吸的定律表现出来,因为青春期的身心发育,男孩与女孩彼此吸引,对于异性都怀着强烈的好奇心。在这种情况下,男孩与女孩非但不会亲密相处,反而会故意疏远,有很多内向害羞的孩子,一旦与异性交往,就会面红耳赤、心跳加速,这也就是为什么青少年一旦与异性相处就会害羞的原因。

一天中午,学习委员吴越来收作业本,来到建斌面前,问:"建斌,你的作业本呢?"建斌正在埋头看小说呢,一看到自己喜欢的吴越来到面前,马上变得结结巴巴:"哦……哦……你稍等一下……我……我……我马上找……"平日里伶牙俐齿的建斌,怎么成这样了?同桌好奇地看着建斌。建斌在书包里翻来翻去,也没有找到作业本。吴越催促:"你快点儿啊,还有几分钟就上课了,我要在上课之前送到办公室去!"听到吴越着急,建斌索性把书包里的东西倒出来,也没找到作业本,他面红耳赤地告诉吴越:"对不起,好像忘记带了。"听到建斌这么说,吴越一溜烟抱着已经收上来的作业本跑到办公室。

看着吴越离开的身影,建斌暗自懊悔:为何我一见到吴越就结巴呢!

第十章 要心动不要行动，让早恋成为孩子心中的蓝莲花

在这个事例中，建斌如果和别人说话都不结巴，就是见到吴越说话才结巴，可以推断出，是因为他心底里暗暗喜欢吴越。不过显而易见，吴越并不知道建斌喜欢他。为了改善这种情况，建斌要怎么办呢？毕竟作为同学每天都要接触，他总是这么结巴可不好。

很多青少年在有好感的异性面前，都会出现结巴的情况。针对这种情况，不妨借鉴"脱敏"疗法，也就是让青少年与更多的异性相处，尽量对所有的异性一视同仁，这样做，渐渐地就能改善害羞的情况。在大多数人心中，以为异性相吸就是指人们更喜欢与异性亲近，但是对于敏感的青少年而言，也许内心的倾向和真正表现出来的行为恰恰相反，那就是他们会故意掩饰自己对于异性的好感、疏远异性，或者不对异性表示友好反而对异性表现出排斥和抗拒，有些青少年喜欢异性的时候，还会故意欺负异性。不得不说，这都是青少年独特的内心状态使然。

越是害怕什么，越是不要逃避，未来在成长过程中少不了要经常与异性相处，对于看到异性就脸红的青少年，就可以特意与异性多相处，这样就可以让自己变得更加强大，不再那么敏感和害羞。这就和疫苗的原理一样，当产生抗体和免疫力，青少年再与异性相处的时候自然不会那么害羞和胆怯。此外，青少年之间的友谊是非常纯洁的。在与异性相处的时候，也可以刻意忽略异性的性别，把异性当成同性的朋友，这也是不错的选择。总而言之，友谊是造物主赐予人类最美好的礼物，青少年要想健康快乐地成长，就要拥有友谊、发展友谊，也要提升自己与异性相处的能力。

区分友情与爱情

很多女孩对于友情和爱情,都处于傻傻分不清的状态,尤其是在"一起穿着开裆裤长大"的异性面前,她们也许还停留在"心心相印,两小无猜"的状态之中。但是,随着年龄渐长,他们会成为他人眼中的"情侣"。面对这样的流言蜚语,女孩也不知道自己一直以来享受到的是友情还是爱情!

虽然通常情况下,大多数女孩都愿意和同性玩耍,但是也有一小部分女孩性格开朗,反而愿意和男孩一起玩耍。当女孩把男孩当成同性对待,彼此之间未免会有关系过于亲近的嫌疑,也会引起他人的流言蜚语。所谓三人成虎,当女孩被流言蜚语所困扰时,也会分不清楚自己享受的是友情还是爱情。在这种情况下,女孩首先要端正态度,明确以自己的内心标准去衡量什么是友情、什么是爱情。这样一来,在与异性朋友相处的时候,才不会逾越与异性相处的界限,也不致引起尴尬和难堪。

其实,不懂得与异性相处的界限,也不知道如何区分友谊与爱情,这是导致混淆友情与爱情的根本原因。首先,要了解什么是友谊。所谓友谊,就是朋友之间的情谊,通常情况下,朋友关系要建立在志同道合的基础之上,也就是要有共同的兴趣爱好。其次,友情与爱情有着本质的区别,是绝不能混淆的。友情具有包容性,可以容纳很多人同时分享友情,而爱情具有排他性,正常情况下,爱情只能容纳相爱的两个人,而不能容忍第三者的介入。最后,女孩对于友情和爱情的界定,要以自己的心意为准,而

第十章　要心动不要行动，让早恋成为孩子心中的蓝莲花

不要总是受到他人的干扰。归根结底，只有身在爱之中的人，才能真正了解爱，而作为旁观者，没有权利对当事人说三道四。所以，女孩要坚定自己的心意，不要人云亦云，更不要受到他人的影响和干涉。

张飞和刘倩从小一起长大，就像是亲兄妹，也像是亲兄弟，这是因为刘倩虽然比张飞小一岁，但是就像个真正顽皮捣蛋的臭小子一样，每天跟在张飞后面爬树、玩泥巴、打球。总而言之，她比张飞还像男孩，也特别皮实，丝毫没有把自己当成娇滴滴的女孩。

光阴荏苒，张飞和刘倩渐渐长大，他们依然形影不离。原本张飞比刘倩高一个年级，但是张飞因为学习成绩不好，所以留级一次，就这样顺理成章地与刘倩成为同班同学。从此，他们一起上学、一起放学，好得就跟一个人似的。渐渐地，班级里传出流言蜚语，同学们都说张飞喜欢刘倩，还说刘倩是张飞的小媳妇。听到这些流言蜚语，刘倩一开始很抵触，后来看着长得高高大大的张飞，也不禁困惑起来：我和张飞之间的情感到底是友情还是爱情呢？其实，张飞和刘倩都是大大咧咧的性格，张飞不但对刘倩就像对小妹妹一样好，对于班级里的其他女生也常常多加照顾。有一天中午大家正在吃饭，小豆不爱吃蔬菜，只爱吃肉，张飞就把自己午饭里的肉都给小豆吃，而他只吃菜。这个时候，刘倩看到张飞照顾她的好朋友小豆，心里觉得很高兴，脸上也堆满了笑容。看着他们三个人在一起嘻嘻哈哈的样子，有一个旁观的同学说："刘倩，你怎么不吃醋呢？"刘倩恍然大悟："是啊，我为什么不吃醋呢？因为我只把张飞当哥哥啊！"经过这件事情，刘倩心中才释然，她很确定自己只是把张飞当哥哥。

青春期男孩和女孩在一起相处得很好、关系亲密，很容易就被别人误认为在谈恋爱。实际上，谁说异性之间不可能有真正的友谊呢？就算异性之间没有真正的友谊，在经过长期相处之后，也一定会产生类似于亲情的深厚感情。这种感情也许比友谊更加深厚，却与爱情毫无关系。所以，当被人说成与异性在谈恋爱的时候，女生一定不要人云亦云，而是要忠于自己的内心，坚信自己的感觉。

作为青少年，既要避嫌，与异性关系不要过度亲密，也要勇敢无畏地面对友谊，不要因为流言蜚语就畏惧，或者退缩。只要心怀坦荡，哪怕是与异性走得比较近，也可以做到心无芥蒂。如果真的涉及爱情，感情就会变得微妙。当然，一切存在即为合理，青少年要勇敢无畏地面对成长过程中的很多问题，更要心怀坦荡、无所畏惧。

第十章　要心动不要行动，让早恋成为孩子心中的蓝莲花

师生恋是危险的爱情旋涡

青春期女孩正处于成长的关键时期，对于爱情充满憧憬与渴望，又因为心智发育不成熟、内心冲动，以感情至上，所以常常会对于身边很多优秀的、成熟的男性产生不切实际的幻想和爱意。举例而言，有些青春期女孩会爱上自己的师哥、邻家兄长，甚至是老师、父亲。其中，又因为青春期女孩表现出明显的向师性，所以有很多青春期女孩都会因为对老师的崇拜和尊重，转而产生爱慕之情。当青春期女孩心中洋溢着对老师的爱时，在与老师的朝夕相处之中，她们对于老师的一举一动都会产生误解。也许老师只是正常辅导她们作业，或者在课堂提问她们，就会被她们当成是爱意的表达。在老师没有正式回应青春期女孩之前，她们对于师生恋的一切想法，都是自己臆想出来的。为此，女孩一定要端正心态，这样才能对师生关系有正确的认知，也才不会在与老师的相处中误入歧途。

不得不说，师生恋对于女孩而言是非常危险的。前文说过，师生恋的基础是女孩对于老师的崇拜和尊重，而青春期女孩还处于成长的阶段，不管是初中老师还是高中老师，对于女孩而言都是人生中的一名过客。在经历过一个阶段的学习之后，青春期女孩必然会进入新的人生阶段，也会因此与曾经"喜欢"的老师渐行渐远。此外，如果青春期女孩陷入对老师的爱恋之中，便会导致上课的时候心神不宁，甚至一味地沉浸在对老师的幻想之中，根本不知道老师在讲什么内容。下课的时候，青春期女孩也总是

想看到老师，因而找出种种理由接近老师，使得学业荒废。最后，老师大学毕业才能走上工作岗位，这就意味着即使是刚刚毕业的老师，也比青春期女孩年长很多。如果老师已经从业若干年，则很有可能已经成家立业，青春期女孩一定要控制好自己的感情，避免情不自禁之下破坏老师的家庭，背负沉重的骂名。总而言之，青春期女孩即使非常崇拜和尊重老师，也不要对老师产生非分之想，可以把对老师的喜爱转化为源源不断的学习动力，激励自己不断努力、不断进步，这样一来，青春期女孩才会在学习上有更加出色的表现，收获更好的成绩。

　　初中的时候，静静喜欢上了班里的数学老师。数学老师是一个不苟言笑的男人，年纪比静静爸爸还要大一些。虽然有很多同学都说数学老师性格古怪、待人冷漠，但是因为静静擅长数学，而且乖巧懂事，所以数学老师对于静静很关注，也常常会表扬静静。渐渐地，静静对数学老师产生了异样的感觉，她觉得自己与数学老师虽然没有过多的语言交流，却心有灵犀。有的时候，看着数学老师沧桑的脸庞，她甚至幻想着自己有朝一日能与数学老师一起生活。

　　静静的爸爸是个酒鬼，每天都醉醺醺的，喝醉了酒在家里不是打人就是骂人。为此，静静从小就缺乏安全感，也特别羡慕别人都有冷静理智、头脑清醒的爸爸。有一次，数学老师生病了，好几天没有来学校，静静还特意买了水果去家里看望老师。看着初次见面的师母，又听到师母数落老师的不好，静静对老师更加同情。有一次，静静做梦还梦到数学老师，她真盼望着自己快快长大。

第十章 要心动不要行动,让早恋成为孩子心中的蓝莲花

在这个事例中,静静之所以喜欢数学老师,与其说是出于爱情,还不如说是出于崇拜。尽管静静有爸爸,但是她的爸爸是个酒鬼,所以爸爸根本不能给她安全感,也不能给她精神上的支撑。而看起来冷漠实则内心善良、充满热情的老师,满足了静静对于爸爸的幻想和要求。为此,静静陷入了对老师的憧憬和幻想之中。不得不说,**静静爱上老师,与她的成长背景有很大的关系。**

青春期女孩要知道,只有在对的时间里遇到对的人,才会拥有能够得到祝福、开花结果的爱情。否则,任由错误的感情在心中泛滥,只会导致感情失去控制。随着时间的流逝,青春期女孩必然会长大,也会遇到更适合自己的人、拥有更值得珍惜的爱情。等到爱情开花结果的美好时刻,相信青春期女孩回想起曾经对于老师的爱慕,一定会会心一笑,为自己曾经的克制而感动和庆幸。

随着时代的发展,青少年的心智发展也更加快速。为此,有些青少年不但对爱情怀着憧憬,还会想要把爱情变成真正的感情。为此,他们会在心中懵懂之爱的驱使下,在身边的人之中寻找适宜的爱人,也想让爱情给人生增加光芒。然而,对于爱情,青少年毕竟还没有深刻的认知和透彻的洞察,所以需要加深自己对爱情的了解,也需要把爱情看得更加神圣与不可亵渎。

第十一章
六月的天孩子的脸，是谁让孩子成为"京剧脸谱"

孩子总是容易情绪冲动。在情绪的驱使之下，他们就像是京剧中的百变脸谱一样，也许前一刻还是红脸，后一刻就变成黑脸；也许前一刻还是笑脸，后一刻就变成哭脸。这是因为青少年正处于青春叛逆期，在身心的快速发展变化中，他们体内会分泌大量激素，导致他们情绪冲动，也使得他们在成长的道路上表现出复杂多变的情绪。要想情绪稳定，青少年就要学会疏导情绪的河流，成为情绪的主宰，而不被情绪所奴役。

每个人都是情绪动物，孩子也不例外

人是感情动物，在面对纷繁复杂的社会时，每个人都会随时随地爆发出各种各样的情绪，孩子也不例外。作为情绪动物的孩子，尽管还没有完全进入社会，但是从出生开始，他们就生活在人群中，难以避免地会和各种各样的人相处，受到形形色色的情绪纷扰。尤其是在进入青春期之后，因为体内激素的大量分泌，青少年不但身体快速成长和变化，心理和情绪也在不断地发展和变化之中。为此，青少年要想避免被情绪奴役，一定要提升自身控制情绪的能力，从而把握情绪、主宰情绪。

然而，有些青少年对于这样的观念并不认同，他们觉得青少年就是既要纵情挥洒青春，也要肆意表达情绪。殊不知，情绪有正面情绪和负面情绪之分，正面情绪可以激励人们不断进步、坚持进取、获得成长，而负面情绪只会阻碍人的成长和进步。青少年要多保持正面情绪，同时要用各种办法抑制负面情绪的产生。情绪尽管受到主观的控制，但很多时候，也很容易受到外界因素和主体各种行为的影响，因此情绪具有很强的敏感性，常常因为某一种因素的影响就处在波动中。

在日常生活中，情绪的主要表现就是心情。相信每一名青少年都知道，心情对于一个人的一天或者一段时间，甚至是一生生活得好不好，都是至关重要的。曾经有一句网红语，既然哭着也是一天，笑着也是一天，为何

第十一章　六月的天孩子的脸，是谁让孩子成为"京剧脸谱"

不笑着度过人生的每一天呢？的确如此。明智的人都会做出笑着度过每一天的选择。然而事实未必如同人们所想得那么理想。成长的过程中，青少年总是会遇到很多不如意的事情，导致情绪波澜起伏。其实人生从来不是一帆风顺的，成长更不会顺遂如意。面对各种不如意，青少年要拥有良好的心态，才可以在生命的浪潮中始终保持昂扬向上的斗志，始终能勇往直前、永不畏缩。

作为青少年，当面对情绪的负面问题时，当心有千千结的时候，不要任由负面情绪占据自己的心灵，而是应该积极地与情绪抗争，想方设法地让自己拥有美丽的心情。当然，调整情绪的方式有很多，例如运动、歌唱、舞蹈、绘画、插花、远足等，只要是青少年喜欢做的事情，对于调整情绪都卓有成效。青少年还可以培养自身的兴趣，让自己积极地面对人生，改变人生的状态，拥有好情绪。

自从进入青春期，才17岁的米粒就进入了人生的雨季。也许是因为父母婚姻的不幸福、经常吵吵闹闹的家庭氛围，米粒表现得比同龄人更加成熟。她很少欢笑，更少肆无忌惮地开怀大笑。因为她知道，自己没有一个可以遮风挡雨的家，她的爸爸最喜欢喝酒，已经到了严重嗜酒的地步，给全家人都带来了无尽的痛苦。有时候，看着妈妈对着醉得不省人事的爸爸哭泣，米粒甚至想劝说妈妈离婚，因为她宁愿跟着妈妈独自生活，也不想要这样一个已经千疮百孔的家庭。

渐渐地，米粒患上了抑郁症，在一次考试没考好之后，情绪脆弱的米粒吞下了一整瓶安眠药。幸好发现及时，她才算捡回了一条命。至此，妈妈才意识到米粒有严重的精神问题，开始带着米粒四处求医，问诊心理医生。得知家里的状况，心理医生很同情米粒，答应妈妈对米粒进行心理干预和治疗。在心理医生的治疗下，米粒才说出了一直以来内心的压抑。心理医生告诉妈妈："家庭问题必须解决，否则孩子的抑郁症只会更加严重。如果爸爸继续这样不可救药，就送去医院进行戒酒治疗吧，否则孩子就要毁在他的手里了。"对于米粒的病，偶尔清醒的爸爸得知真实的情况之后非常痛心。他一直排斥去进行药物治疗，为了米粒，也为了维持一个完整的家，他最终答应妈妈的请求，去了专科医院进行药物治疗。经过漫长的治疗，爸爸终于恢复神志清醒，虽然家里因为爸爸的治疗而背负了很多债务，但是米粒觉得心里很踏实，曾经布满愁云的脸上露出了笑容。

如果爸爸妈妈始终不采取措施，那么米粒的情绪问题只会越来越严重，也许真的会给米粒的人生带来毁灭性的打击。幸好妈妈还算果断，趁着爸爸清醒的时候说服爸爸为了米粒采取治疗，这样一来，不但挽回了即将破裂的家庭，也让米粒看到了生活的希望。

很多青少年在感到情绪抑郁的时候，都会觉得心情如同暴雨到来之前的乌云一样，充满了暴戾之气，也阴沉得吓人。的确，沉重的心情就像是吸满了水的棉花，马上令人从欢心荡漾的状态变得消沉凝重。作为父母，有责任和义务为孩子们营造良好的家庭氛围和环境，因为对于孩子而言，家庭环境就是他们赖以生存的土壤。家庭环境对于孩子的影响非常大，这就说明了为何在恶劣的家庭环境中的孩子容易产生绝望和轻生的想法。此外，作为青少年自身，因为已经有了一定的思考能力和抉择能力，在感到

第十一章　六月的天孩子的脸，是谁让孩子成为"京剧脸谱"

生活陷入绝望时，不妨采取积极的方式改变心境，例如听音乐、吃美食、做喜欢的事情等，这些都可以有效缓解紧张抑郁的情绪。总而言之，人生从来不是一蹴而就的，青少年要做好心理准备去迎接人生的风雨，也要最大限度地调整好心态，才能控制好情绪、主宰人生。

青少年正处于青春叛逆期，更容易冲动

很多青少年都容易情绪冲动，为什么呢？这是因为青少年正在经历身体的快速发育，以及由此引发的心理变化，也因为体内激素的大量分泌，所以他们往往表现出情绪复杂多变的特点。很多孩子即使小时候性情温和，一旦到了青春期，也有可能变得脾气暴躁、易怒，甚至原本很听从父母建议的青少年，还会故意与父母对着干，和父母之间处于你说往东、我偏偏要往西的执拗阶段。有些父母为此抓狂，不知道如何应付情绪暴躁、冲动易怒的青少年，面对如同突然变了一个人似的青少年，他们也总是感到无所适从。实际上，对于青少年而言，冲动、起伏不定的情绪，恰恰是他们身心所处阶段的真实写照。这只是青少年在特定的青春叛逆期的情绪表现，而不是疾病的表现，更不是青少年故意伤害父母。了解这一点，父母才能理解和包容青少年的情绪，也才能在与青少年相处的过程中，更加尊重和平等对待青少年。

其实，青少年的情绪波动剧烈，除了有心理原因之外，还有生理原因。众所周知，青少年在成长阶段，体内激素大量分泌，促成青少年在性方面快速发展，逐渐成熟，也因此青少年就像是行走的荷尔蒙，体内蕴含着无穷的能量。在巨大能量的作用下，青少年很容易情绪激动。相应地，青少年的神经系统还没有发育成熟，因此他们无法有效控制自身的情绪，所以常常出现情绪波动的情况。尤其面对复杂的生活，青少年有了一定的认知，

第十一章　六月的天孩子的脸，是谁让孩子成为"京剧脸谱"

但还不够深刻，因而无法在成长过程中做到冷静从容。这样的局面只是暂时的，随着青少年的不断成长，对于自身的控制力量越来越强，他们渐渐地就会摆脱情绪的困扰，成为情绪的主宰，也就能够有的放矢地发挥情绪的重要作用，从而在人生的旅途中更加坚强和稳重。

尽管青少年的情绪问题是由其身心所处的特殊发展阶段决定的，但青少年也不能任由情绪泛滥，给自己和他人带来伤害。针对情绪冲动的问题，青少年可以采取各种有效的方法，帮助自己发泄多余的精力，有效舒缓情绪，也帮助自己成功地主宰情绪。

自从进入青春期，原本性格温和、开朗乐观的子乔变得很奇怪，他的脾气变得非常暴躁，甚至原本人缘很好的他，还会经常与同学发生矛盾和纷争；有的时候也会无法控制自己，故意与父母的念头背道而驰，这是为什么呢？

有一天，子乔要参加班级集体的春游，早早地就起床收拾东西。也许是因为没有睡醒，子乔的情绪不是很好，正在子乔忙着收拾东西的时候，妈妈提醒子乔："子乔，今天预报有雷阵雨，你最好带把折叠伞，以防下雨。"原本，这是妈妈对于子乔的叮咛，子乔却有些反感和厌烦地说："妈妈，我又不是弱智，还不知道躲雨吗？"妈妈被这句话噎得直翻白眼，瞪了子乔一眼就离开了。子乔静下心来想想，觉得自己对妈妈说的话有点过分，因而在去往春游目的地的大巴车上，子乔真诚地给妈妈发短信道歉："妈妈，对不起，我也不知道怎么了，心中总像是有一团无名的怒火在燃烧。我是青春期的小屁孩，您不要和我一般见识啊！对不起，妈妈。"看了子乔的短信，妈妈回复道："子乔，你能认识到自己的错误和冲动，妈妈很欣慰。青春期的确会发生各种情绪问题，妈妈希望你可以有意识地控制自身的情绪，这样就可以处理好很多情绪问题。如果有需要，妈妈随时欢迎你倾诉和求助。"后来，子乔经常利用短信和妈妈沟通，子乔和妈妈的关系也越来越好。

青少年很容易发脾气，有的时候，他们能意识到自己的情绪问题很严重，因而有意识地控制情绪。对于子乔而言，能够及时意识到自己的问题，并且以恰到好处的方式向妈妈道歉，这是难能可贵的，也让妈妈在感动之余，原谅了子乔的冲动和坏脾气。在亲子关系中，父母往往占据主导地位，为此要有意识地引导青少年发泄不良情绪，帮助青少年提高对于情绪的控制能力，这样才能更好地陪伴青少年成长。

具体而言，青少年可以通过以下方式来舒缓情绪。首先，青少年精力旺盛，体内蕴藏着大量的精力无处发泄，那么就可以多从事体育运动，一则是为了发泄精力，二则是为了通过运动发泄不良情绪，让情绪恢复平静。其次，在感到情绪冲动的时候，就相当于情绪已经亮起了红灯，青少年要谨记"宁停三分，不抢一秒"的道理，从而选择在情绪爆发之前先保持安静，努力恢复平静，不要急于发泄情绪，这样等到过了情绪爆发的时间点，就能做到更加冷静、理智地应对情绪的问题。为了缓和情绪，青少年还可以离开让自己情绪冲动的环境，从而保持理智。再次，还可以找到一个发泄的空间，或者发泄物。如今，有很多公司会准备一间发泄室，让员工愤怒的时候去发泄室里对着沙袋等物品发泄愤怒。在家里，青少年也可以有一间发泄室，在情绪冲动到无法自制的时候，就去发泄室里发泄。最后，如果没有合适的地方发泄情绪，也没有适宜的人可以倾诉，青少年还可以采取写日记、发QQ空间的方式，把内心的愤怒发泄出来。记得美国前总统林肯有一次与人发生争执，当即就给对方写了一封信，正当秘书准备把这封信寄出去的时候，林肯却撕掉了信。秘书不理解，林肯说："把这样

第十一章 六月的天孩子的脸,是谁让孩子成为"京剧脸谱"

一封因为愤怒而言辞激烈的信件发出去,只会导致事情的发展更糟糕。这封信就是用来发泄情绪的,接下来我要写的信件,才是真正要寄出去给相关人员的。"在写信的过程中,林肯不但发泄了情绪,而且还舒缓了情绪,从而让自己接下来所写的信件更加言辞恳切,也有助于理性地解决问题。

青少年要知道,每个人都是这个世界上独一无二的生命个体,有不良情绪产生完全是正常现象,无须紧张,也无须因此而自责或者内疚。唯有处理好情绪问题,才能与他人顺畅地沟通和交流,也才能建立起良好的人际关系。

青少年，就是要成为自己

现实生活中，每个人都活在群体之中，很难完全只做自己。青少年也是如此。虽然大多数青少年都想要做到坚持自己，但是当唾沫星子多到足以淹没他们的时候，他们难免觉得内心惶惑不安，甚至因此而失去原本的人生方向，陷入人云亦云、盲目改变自己的困境之中。

作为青少年，不如扪心自问：我能坚持自己的主见吗？在遭遇他人的质疑时，我能不摇摆和犹豫吗？看到这些问题，也许有人会想起但丁所说的话——走自己的路，让别人说去吧。的确如此，走自己的路，才能拥有属于自己的精彩而又充实的人生；任由别人评说而我自岿然不动，才能保持内心的淡定和坚定。遗憾的是，舆论的力量是非常强大的，很多青少年一旦遭到他人的非议，就会非常后悔自己的选择，也由此内心动摇、惶惑不安。常言道，不忘初心，方得始终。一旦遭遇舆论的压力就放弃自我，那么青少年在人生的道路上一定会非常懊丧，也会因此而陷入困顿之中无法自拔。

民间有句俗话："谁人背后不说人，谁人背后无人说。"这句话告诉我们，一个人只要活在这个世界上，就难以逃脱被人议论和议论别人的命运。作为青少年，尽管内心敏感，也要控制好自己，而不要因为别人随意妄加的评论就迷失自己。做人做事但求问心无愧，只要不触犯法律、违背道德，只要能够做到胸怀坦荡，那么就不必在意他人的评价。青少年要更

第十一章　六月的天孩子的脸，是谁让孩子成为"京剧脸谱"

加坚定不移地勇往直前，才能用事实为自己代言，来证明自己的所言所行都是正确的。

豪杰13岁，正在读初一，他最喜欢的科目是语文，最喜欢做的作业就是写作文。每当其他同学因为作文课的到来而烦恼的时候，豪杰却非常高兴，也满怀憧憬，因为他盼望着遇到自己喜欢写的题材，那样一来，老师就可以把他的作文当成范文在班级里朗读。有段时间，豪杰还尝试着投稿，遗憾的是他经常收到退稿。不过，豪杰没有因此而气馁，而是继续坚持写作。

有一天，豪杰又收到退稿，班级里有个同学鄙夷地说："就这样，还想成为作家呢，简直是异想天开。"那个同学不知道豪杰听到了这句话，更不知道眼泪就在豪杰的眼眶里打转。回到家里，豪杰伤心地扑在桌子上哭泣，妈妈不知所以，非常担心，赶紧追问到底发生了什么事情。听完豪杰的讲述，妈妈抚摸着豪杰的头说："豪杰，你喜欢写作就坚持去写，早晚有一天，你的文章会变成印在纸上的铅字，你也会收到人生中的第一笔稿费。或者即使你在写作方面没有成就，你也可以用笔记录下生活的点点滴滴，有什么必要在乎他人的眼光和评价呢？"在妈妈的一番开导下，豪杰这才摆正心态，继续写作。果然，到了初二，豪杰的文笔越来越好，有一次趁着教师节之际写了一篇《长大后，我就成了你》的文章献礼教师节，参加教师节征文，居然赢得一等奖。豪杰信心大振，到了初三时，豪杰经常有文章见报，还常常用稿费买糖果分给班级里的同学们吃呢！

在这个事例中，豪杰因同学的一句话就备受打击，是因为他的情绪还不够稳定，他还无法做到能坚定不移地做自己喜欢的事情。妈妈的一番话帮助豪杰找回信心，也让他意识到，对于自己感兴趣的事情，哪怕没有好的成就和收获，也可以因为兴趣而继续坚持，让自己的心灵有所寄托。为此，豪杰坚持不懈，继续在文学的道路上越走越远，果然取得了优异的成绩。

  青少年正处于青春期，原本就自尊心脆弱、内心敏感。为了帮助青少年更好地成就人生，父母要多鼓励和支持青少年，给予青少年力量和信心。作为青少年，也要坚定不移地相信自己，全力以赴做好自己感兴趣的事情，这样才能最大限度地整理好人生的思绪，才能在成长的道路上披荆斩棘、乘风破浪、勇往直前。

第十一章 六月的天孩子的脸，是谁让孩子成为"京剧脸谱"

别被外号伤了自尊

　　青少年们年纪相仿、身心发展阶段相似，因此会有很多的共同话题。正如一位伟大的心理学家曾经说过的，父母即使再爱孩子，怀着赤子之心陪伴孩子成长，也不可能完全代替同龄人对于青少年的重要作用。在青春期阶段，青少年也尤其渴望得到同龄人的认可，从一开始崇拜父母，到后来表现出强烈的向师性，再到进入青春期之后，青少年更加渴望的是融入同龄人的团体，得到同龄人的认可和赞许。对于青少年这样的心态，很多父母和老师都不理解，为此，他们也不知道为何一旦被同龄人起外号，青少年就很难接受，甚至勃然大怒。

　　青少年的自尊心很强，而外号通常情况下带有戏谑的意味，往往是根据青少年特殊的体型、性格特点或者兴趣爱好所起，表现出同龄人对青少年的戏谑，当然也有可能是喜爱。对于自尊心强、情感敏锐的青少年而言，这样的戏谑往往给他们带来不愉快的感受，他们常常会因此而陷入愤怒的情绪之中无法自拔。其实，这与青少年的心智不成熟有关系，他们无法运用自嘲等方式化尴尬于无形，反而以勃然大怒的方式对待外号，使得自己陷入更加被动局面之中。

　　对于青少年而言，他们一般都很忌讳别人说起关于自己缺点，例如，过于矮小、过于肥胖，或者眼睛太小、戴着眼镜、戴着牙套等。这些东西都是无法在短时间内改变的，也是青少年在没有被嘲笑讽刺之前就非常在意的。青少年不应该给同龄人起外号,如果不那么幸运,偏偏被同龄人起了外号,又该怎么办呢?与其勃然大怒,让彼此的关系陷入僵局,甚至还会因此而失去一位朋友,不如以自嘲的方式化解尴尬,也可以以其人之道还治其人之身,以委婉的语言给他人一个教训。只有做到软硬兼施,对方才会有所收敛。如果让愤怒占据上风,对方就会自认为抓住了青少年的软肋,反而更容易使对方起外号的行为变本加厉。

在《芙蓉镇》杀青的时候,中国台湾演员何××和导演以及其他演员一起出席了记者招待会,庆祝杀青,也为即将上映的电视剧《芙蓉镇》做宣传。记者招待会的氛围非常好,作为主角,何××对记者的提问一直都面带微笑地耐心解答。此时,突然有个记者站起来,带有明显挑衅的意味提问何××:"何××先生,听说最近有一家权威网站针对亚洲最丑明星进行排行,吴××位居第一,你屈居第二。那么对于亚洲第二丑明星的桂冠,请问您是怎么看待的呢?"记者此言一出,全场一片哗然,接着便是静默,现场的每个人都非常紧张:其他记者担心何××因此恼羞成怒,那么采访就无法继续下去;导演和其他演员担心何××勃然大怒,反而被这位别有用心的记者抓住小辫子。事发突然,没有人知道如何给何××解围。

何××突然笑起来,说:"我真是万分荣幸,因为我出道以来始终默默无闻,现在居然荣获亚洲第二,简直受宠若惊。此外,我还觉得很愧疚,对不起30多年始终忠心耿耿地追随我的这张脸。要知道,它为我立下了汗马功劳,如果我能给它争取到亚洲第一的好名声,也不枉它追随我一场。"何××话音刚落,现场就响起了热烈的掌声。在场的每个人都被何××的机智幽默、风趣自

第十一章 六月的天孩子的脸，是谁让孩子成为"京剧脸谱"

嘲所折服。那个记者看到自己的计谋落空，赶紧灰溜溜地坐了下来。

在这个事例中，作为一个公众人物，又是在新闻发布会这样的公开场合、在无数摄像机的镜头下，何××很清楚自己一旦一言不慎，就很有可能陷入困境。为此，何××当机立断，做出幽默机智的应对，不但以自嘲的方式为自己解围，也消除了现场尴尬冷漠的气氛，使得在场的导演、演员和其他记者们都如释重负，为此大家才会自发地给予何××掌声。

青少年正处于青春期，也常常会遇到别有用心的同学故意起外号挖苦讽刺自己，记住，一定不要恼羞成怒，否则只会让自己更加颜面尽失。聪明机智的青少年，也应该如同何××面对别有用心的记者一样，用自嘲的方式为自己解围，也可以以机智反驳对方，让对方哑口无言。总之，多个朋友多条路，多个敌人多堵墙，很多时候，以撕裂的方式处理问题，并不能让一切朝着好的方向发展。唯有开动脑筋，以机智和幽默应对尴尬，才能让那些别有用心的人计谋落空。当然，不作回应的以德报怨也是不错的选择，还可以表现出青少年的宽容大度，帮助青少年赢得好口碑，可谓一举数得。

把握玩笑分寸，不要伤人自尊

青少年精力旺盛，因而在青少年的群体里，时常发生开玩笑的事情。实际上，开玩笑固然能给人带来欢乐，却一定要把握分寸，否则失去分寸的玩笑，非但无法起到融洽气氛的作用，还会因为过度和过分而在无形中伤害他人的自尊。

青少年正处于青春叛逆期，情绪冲动、性格鲜明、个性强烈，所以很多时候青少年无法控制好自己的情绪，也会表现得特立独行。在这种情况下，青少年尤其要把握好开玩笑的分寸，认识到有些玩笑是可以开的，有些玩笑是不能开的。例如，涉及他人隐私的玩笑，就是绝对不能开的；再如，当他人因为某件事情伤心落泪的时候，也不要哪壶不开提哪壶，以别人伤心的事情开玩笑，否则必然招致他人的反感。总而言之，每个人不但有身体上的安全距离需要保持，也有心理上的安全距离不能逾越。

有的青少年会说，如果生活中没有玩笑，该是多么枯燥乏味啊！当然，这里并非说玩笑绝对不能开，因为玩笑可以调动人们的兴趣，让人们积极乐观地工作、学习，也因为玩笑能够帮助人们融洽关系、加深情谊，所以适时适度地开玩笑完全是可取的。作为放松心情、融洽气氛的好方式之一，玩笑在人们的生活中扮演着重要的角色。但是这并不意味着只要是玩笑就会对人际交往起到积极的作用，因为不合时宜的玩笑只会让人陷入紧张恶劣的人际关系中。

第十一章 六月的天孩子的脸，是谁让孩子成为"京剧脸谱"

有一天放学比较早，子乔和几个同班同学迅速打扫卫生之后，又留在教室里玩了一会儿。大家玩得都很高兴，唯独子乔不开心。为此，有个同学和子乔开玩笑："子乔，看你愁眉苦脸的，就像你爸妈离婚了一样丧气！"这位同学绝没有想到，让子乔心事重重的原因正是爸爸妈妈的婚姻危机。听到同学的话，子乔生气得眼睛都红了，就像是一头失控的小兽一样向着同学扑过去，和同学扭打在一起。子乔口中还念念有词："你爸妈才离婚了呢，你爸妈才离婚了呢！"直到老师赶来，才把子乔和那个同学分开。

事后，老师让子乔和那个同学相互道歉，他们俩一个先不分轻重地开玩笑，一个先动手打人，所以需要彼此道歉。妈妈得知情况后，向老师解释了子乔情绪激动的原因，老师这才恍然大悟。后来，老师又和此前与子乔开玩笑的同学进行沟通，告诫那位同学再也不要随随便便地开玩笑了。

在这个事例中，开玩笑的那位同学无疑有些口无遮拦，他明明知道对于孩子而言，父母离婚是最糟糕的情况，还偏偏这么开玩笑，才会一下子戳中子乔的痛点，导致子乔怒火中烧，当即就与同学扭打在一起。那么，开玩笑具体需要注意哪些事项呢？

首先，开玩笑要讲究原则，区分不同的玩笑对象、时间和场合，也要注意筛选玩笑的内容，否则就会像事例中的那个同学一样，没有分寸地与子乔开玩笑，反而被子乔海扁一顿。其次，开玩笑要组织好语言，千万不要带着攻击和挖苦讽刺的意味，更不要把自己的快乐建立在别人的痛苦之上。真正的玩笑，要格调高雅，让每一位听到玩笑的人都感受到美好，而不是厌恶。最后，开玩笑不要以攻击他人为乐趣，更不要曝光他人的隐私等重要的信息，否则就会招致他人的反感，甚至因此而失去朋友。尤其是当别人有某些生理缺陷的时候，开玩笑的时候一定要避开，宁可不说，也不要开不合时宜的玩笑。此外还需要注意的是，开玩笑要避开吃饭的时候，真正有修养的人不会在吃饭的时候说笑话，也不会在吃饭的时候张开嘴巴哈哈大笑，这样一则不卫生，二则也会一不小心把食物呛入气管，引发危险。

要想成为有修养的青少年，就要从小事做起，从每一个点点滴滴的细节做起，才能成为受人欢迎的人，才能建立和维护良好的人际关系，最重要的是才能让自己拥有良好的心情。开好玩笑，悦人悦己；开不好玩笑，害人害己。

第十二章

发展积极情绪，让孩子的人生阳光璀璨

每个孩子在成长的过程中，很难做到万事顺遂，既然这样，就要勇敢无畏地面对人生的风风雨雨，就要努力发展积极的情绪，从而让孩子的人生更加阳光、璀璨。当然，要想发展积极的情绪，孩子就要努力把握情绪，这样才能做到有的放矢，成为情绪的主宰、驾驭人生。

敏感觉察他人态度，建立友好交往

孩子是祖国的花朵，是每一个家庭的希望和未来。作为父母，最大的心愿就是希望孩子可以健康快乐地成长，能够融入同龄人的团体之中，在朋友的陪伴下不孤独地成长，在走出家庭、走入社会之后，也能够建立和维护良好的人际关系。然而，建立良好的人际关系是很难的，尤其是如今的孩子大多数是独生子女，从小就得到了父母的爱与关照。他们习惯了衣来伸手、饭来张口，也习惯了作为整个家庭的重心，得到父母和长辈无微不至的爱。在这种情况下，孩子们渐渐形成了以自我为中心的思想，很难体察身边人的情绪，常常陷入与人相处的困境之中。

青少年正处于从童年到成年的过渡阶段，因为身心的快速发展，情绪上也常常面临较大幅度的波动。要想建立良好的人际关系，青少年就要敏感地觉察他人的态度，这样才能在与他人相处的过程中占据主动。

正在读初中的乐乐是个很敏感的男孩，虽然大多数男孩都是大大咧咧的，但是乐乐的心思很细腻，常常因此而陷入苦恼之中。

最近这段时间，乐乐觉察到好朋友品宣的状态有些不对劲，例如以前品宣放学的时候总是与乐乐结伴而行，每当有好吃的好喝的，也总是与乐乐分享，但是最近品宣总是魂不守舍，一放学就赶紧飞奔出校门。有一次，乐乐在后面喊品宣，品宣都对乐乐

第十二章 发展积极情绪，让孩子的人生阳光璀璨

不理不睬。看到品宣这样的表现，乐乐觉得很伤心："品宣是不是不想和我当朋友了，为何总是躲着我呢？"看到乐乐愁眉苦脸的样子，妈妈询问原因。乐乐犹豫一番，还是把事情告诉了妈妈。妈妈得知乐乐的烦恼后，对乐乐说："乐乐，品宣除此之外还有什么表现吗？"乐乐想了想，说："品宣最近和另外一名同学走得很近。"妈妈安抚乐乐："那你这样猜忌也是没有好处的，还是应该问问品宣到底是怎么回事。而且，你在询问品宣的时候，要以关切的语气去问，例如问问品宣最近好不好，有没有需要帮忙的。"在妈妈的建议下，乐乐找到机会问品宣："品宣，你最近还好吗？我总觉得你有些不正常，你需要我的帮忙吗？"听了乐乐的话，品宣马上露出苦脸，几乎要哭出来："告诉你，你也帮不上忙。"乐乐说："人多力量大，说不定我还能帮上呢？"品宣反问："那你能让我的爸爸妈妈不离婚吗？"听说品宣的爸爸妈妈要离婚，乐乐大吃一惊：难怪品宣最近总和另外一名同学走得近，那个同学的爸爸妈妈也是离婚的。乐乐真诚地对品宣说："品宣，我可能没有办法让你的爸爸妈妈不离婚，但是有一点我可以保证，那就是不管怎样，我都是你最好的朋友。如果你没有地方住，我也能说服妈妈让你去我家住。"听到乐乐这么说，品宣笑了。

在这个事例中，因为品宣的异常表现让乐乐一开始对他产生了误解，觉得品宣一定是不想和他做朋友了，才会时时处处都躲着他。其实不然，品宣只是发愁父母要离婚的事情，正在想办法挽回父母的婚姻而已。幸好妈妈告诉乐乐要向品宣问清楚原因，这样才给了品宣机会解释真相，也才给了乐乐机会关心品宣。

青春期孩子内心敏感，自尊心强，常常因为他人的异常反应就瞎琢磨，

做出错误的推断。实际上，有的时候眼见不一定为实，耳听也不一定为真。青春期少年要有意识地拨开迷雾，洞察生活的真相，这样才能正确分析和判断他人的态度与情绪，也避免误解他人。当然，有些青春期孩子未必是因为青春期才敏感，而是因为先天的性格就很敏感。当意识到自己内心的敏感多疑时，应该有意识地改变自己的心态，引导自己朝着更好的方向发展。当然，父母在培养孩子成长的过程中，也可以有意识地帮助孩子，让他们形成正确的思维方式，唯有如此，才能消除孩子内心的担忧，让孩子能够积极勇敢地看待外界的人和事。

第十二章 发展积极情绪,让孩子的人生阳光璀璨

被拒绝也没关系,要锲而不舍

在与人交往的过程中,有些勇敢的青春期孩子,遇到有趣的玩伴,会勇敢地与对方搭讪,请求与对方成为朋友。通常情况下,这样的请求都会得到应允,但是在极个别的情况下,这样的请求也有可能会被拒绝。毋庸置疑,当交往的请求得到应允时,青春期孩子就多了一个朋友;而当交往的请求被拒绝时,青春期孩子就会受到挫折,内心变得沉重,因为受到打击而倍感沮丧和绝望。其实对于青春期孩子而言,尽管自尊心敏感而又脆弱,但是被拒绝也没有太大的关系。毕竟人生需要锲而不舍的努力,才能勇往直前,否则一旦遇到小小的阻力就退缩,任何时候都不可能获得成功。因而和敏感脆弱的自尊相比,青春期孩子更需要的是锲而不舍的精神。

认识到被拒绝实际上是发展人际关系时的一种常态,青少年就更容易接受了。否则,让他们在顺遂如意中成长,会误以为整个世界都要像父母那样宠溺着他们,日久天长,青少年承受被拒绝的能力就会大大减弱。从这个意义上讲,青少年被拒绝反而是一件好事情,只要不反应过度,做出过激的行为,就可以顺利渡过被拒绝的艰难阶段。很多父母从小就全方位照顾孩子,把孩子保护得无微不至,从来不让孩子认识到这个社会的险恶,殊不知这对于孩子而言并非好事。正如人们常说的,人生不如意之事十之八九。随着孩子渐渐长大,早晚有一天要认清楚社会的险恶,作为父母,与其让孩子等到长大成人之后再认识到真相,还不如循序渐进让孩子接受

现实，这样一来，孩子才能渐渐地对挫折形成免疫力，也才能提升自身应对困境的能力。

尽管子乔付出了很大的努力，爸爸妈妈还是在一年后离婚了，子乔不得不跟着妈妈回到姥姥、姥爷家里，也转学到姥姥姥爷家附近的学校上学。已经读初二的子乔，原本就性格内向，再加上父母离婚的心理阴影，导致他更加郁郁寡欢。新的学校、新的同学，还有失去爸爸的人生，一切对于子乔而言都糟糕透顶，为此，子乔变得越来越沉默。

在整整一个学期的时间里，子乔都不太说话，就像班级里的隐形人，所以他虽然转学到新学校已经一个学期，却只认识自己的同桌和前后座的几名同学，与其他同学没有任何交集。妈妈看到子乔的样子很担心，想尽办法逗子乔开心，趁着子乔要过生日这个机会，妈妈还特意让子乔邀请至少10名同学来家里做客，并且对子乔说多多益善。子乔也觉得自己孤单，便顺从妈妈的意思，给想邀请的同学发请柬。然而，子乔熟悉的同学才五六个，所以他不得不邀请几个平日里不太相熟的同学。然而，生日那天，在接受子乔请柬的同学里只来了8名，还有两名同学无缘无故地失约了。子乔觉得很沮丧，整个生日宴会都闷闷不乐，妈妈安慰子乔："子乔，没关系，说不定同学忘记了，或者家里有其他重要的事情呢！我不是给你的同学们准备了回赠的礼物吗？周一的时候，你可以给失约的同学也带过去，这样他们一定会向你解释为何没有到场的，也会因为小礼物而对你产生好感。"子乔心里有些不愿意，妈妈继续说服子乔："子乔，这才是小小的困难啊！等到你长大了，需要追求女孩子时，你说不定还会被拒绝更多次呢！

所以即使这次真的是被同学拒绝，也没关系，只要你足够真诚和友善，相信他们一定会接受你的好意的。"在妈妈的强力说服下，子乔把礼物带给了两个失约的同学，果然这两个同学都是因为平日里和子乔不熟悉，所以拒绝了子乔的好意，但是收到子乔的礼物之后，他们都非常感动，承诺明年一定不会错过子乔的生日，还承诺将来过生日的时候也会邀请子乔参加。

在这个事例中，妈妈的做法非常值得称赞。面对同学的失约，妈妈想到也许是同学故意拒绝，却没有在子乔面前说气馁的话，而是始终在鼓励子乔一定要继续努力，以真诚和友善打动同学。果然，当子乔把生日的回赠礼物带给同学的时候，同学们都感动不已，与子乔瞬间变得熟悉和亲近起来。

每个人在人生的道路上都有可能被拒绝，面对拒绝，一定要鼓起勇气继续尝试，而不要被一次小小的挫折就吓倒，更不要因此彻底放弃。只有经历过拒绝的孩子，才能有勇气在被拒绝之后继续勇敢向前，也才能越挫越勇，最终奔向成功的未来。

在交往中正确表达自己的看法

很多青少年因为不好意思，在人际交往中往往压抑自己的真实想法，做出言不由衷的回应。这么做的结果就是，无法完全遵从自己的内心，因为各种原因导致不能坚持自己的初心，如此一来，人生当然会陷入困厄之中，变得愈加被动。有些青少年常常觉得内心懊恼，就是他们不懂得如何正确表达自己的看法和观点导致的。试想，有谁愿意一直委屈着呢？作为青少年，要想在交往中扬眉吐气、忠于自己的内心，就要正确表达自己的看法。这样在与他人沟通的过程中，才能维护自己的利益，表达自己的思想，才可以做到有效地与他人协商和洽谈。

众所周知，沟通是人际交往的桥梁，如果没有沟通，人与人之间根本无法有效地传递和交换信息。由此可见，不敢表达的负面影响很大，它会直接导致青少年陷入困境。从语言发展的角度而言，不敢表达并非只是因为孩子胆小，而是与孩子的表达习惯密切相关。从语言的功能角度来说，表达的目的有两个，一个是从他人处获得信息，一个就是把自己的信息传递出去，只有实现这两个方面的功能，才能做到卓有成效地表达。

尤其是很多小孩子，不敢在交往中表达自己的看法，例如一些幼儿园的孩子在初入幼儿园的时候害怕老师，所以想撒尿也不敢说，最后导致尿到裤子里；有的小学生，明明觉得身体不舒服也不敢告诉老师，硬撑着上完一天的课程，导致病情变得更加严重；还有些孩子甚至也很害怕父母，

第十二章　发展积极情绪，让孩子的人生阳光璀璨

有事情也不敢告诉父母，导致在受到威胁的时候，只能一个人默默地忍受，直至受到伤害和侵犯也不敢说出来，造成严重的后果。孩子们为何不敢表达呢？如果说对老师感到惧怕，或者对其他人感到惧怕，还是情有可原的，那么对自己的父母感到惧怕，就是做父母的失败了。作为父母，一定要赢得孩子的信任，这样孩子在遇到问题的时候才会向父母求助。可是很多孩子不敢向父母求助，而是转为向同龄人求助，最后事情根本没有得到有效的解决，也阻碍了孩子健康成长。所以，对父母而言，必须认真、慎重地对待孩子，赢得孩子的尊重、理解和信任，才能得到孩子的托付。孩子只有敢于向父母表达，才能越来越勇敢，渐渐地也可以向其他人表达，诸如老师、同学，甚至初次相识的陌生人。

自从爸爸妈妈离婚后，子乔已经一年多没有见到爸爸了，他沉浸在对爸爸的思念里，却不敢对妈妈表达自己想要见到爸爸的心情。子乔知道，尽管爸爸妈妈离婚的时候，妈妈承诺爸爸可以随时见子乔，但是妈妈一定是不希望爸爸见到子乔的，所以才会当机立断带着子乔回到千里之外的姥姥姥爷家里。

眼看着初三就要结束，等到中考完，子乔就会变成一名高中生。子乔决定借这个机会，向妈妈提出见爸爸的请求。但是子乔几次鼓起勇气，话到嘴边又咽下去了。无奈之下，子乔只得想办法让自己生病来找机会。他故意用冷水洗澡，夜晚开着空调却踢开被子，就这样子乔发烧了。正值中考的关键时刻，妈妈心急如焚，对子乔说："子乔，你想吃什么，妈妈去给你买。"子乔流泪说道："我什么也不想吃，我只想见到爸爸，我已经一年多都没有见到爸爸了。"妈妈虽然不想让子乔见到爸爸，但是也清楚父子情深，父子之情是不可能轻易割舍掉的。为此，妈妈打电话给千里之外

的爸爸，得知子乔生病，原本就思念子乔的爸爸第一时间赶到了子乔身边。在爸爸的陪伴下，子乔度过了关键的中考前冲刺阶段，在中考中考取了好成绩，如愿以偿地升入了重点高中。

在这个事例中，子乔虽然已经是初三的学生，但是对于想要见到爸爸的请求，他却不好意思直截了当地对妈妈说出口。他已经懂事，知道对于妈妈而言，离婚的伤害是难以抚平和抹去的，他既无法对妈妈提出请求，也无法消除对爸爸的思念，因而只好折磨自己。最终，子乔借生病的机会才对妈妈提出要见爸爸。看着病恹恹的孩子，妈妈当然也很心痛，更知道婚姻的破裂使孩子成为最大的受害者，为此，妈妈满足了子乔的心愿。其实，子乔如果能够早一些对妈妈说出自己的心愿，就不用故意把自己折腾病了。

青春期孩子，一定要学会合理表达自己的内心，说出自己的希望和所求。如果总是把所有的心思都掩藏在心里，别人怎么可能知道他们的所思所想呢？即使作为父母，也不可能成为孩子肚子里的蛔虫，更不可能对孩子的一切都了然于心。当然，青少年不敢表达内心需求和真实想法，除了各种外在原因之外，也有可能是他们天生性格内向导致的。作为父母，在培养孩子的过程中，除了要满足孩子吃喝拉撒等生理需求之外，也要关注孩子的心理健康，从而给予孩子的身心发展更多的保障。尤其是要多激发孩子的表达欲望，让孩子乐于表达，最终做到完整地表达自己的内心。特别是青春期少年心思更加缜密，情绪容易激动，父母更要多关注青少年的情绪和心理状态，只有这样才能引导青少年健康快乐地成长。

善于语言沟通，让行为变得更加从容

很多性格内向的青少年，最喜欢用行为代替语言。青少年也许觉得这么做很酷，却不知道缺乏语言沟通的行为，往往偏离既定的轨道，无法达到预期的效果。明智的青少年不会总是以拳头为自己代言，而是先开展"舌头外交"，凭着三寸不烂之舌与他人进行沟通，然后再进行最佳的行为表现。如此一来，才能做到语言先行、行为跟进，从而使得人际交往变得更加和谐融洽，达到最佳的效果。

常言道，君子动口不动手，意思就是说人与人交往，要尽量以语言作为沟通的工具，争取和平解决问题，而不要动辄就动手，导致人际关系紧张。然而，对于性情暴躁的青少年而言，一旦遇到着急的事情，未必能够做到只动口不动手，特别是在盛怒之下，他们很有可能会动手，而没有耐心用语言进行沟通。众所周知，青少年的体格越来越强健，所以他们的力量是比较大的。但是，他们的心智发展滞后于体格发展，因而会表现出体格强健但是心智发育不够成熟的特点，也就是人们平日里常说的"头脑简单，四肢发达"。越是这样的情况，青少年越应该以语言沟通为主，而不要总是以挥舞拳头的方式与其他人沟通，否则只会导致两败俱伤，没有益处可言。

有一天，就因为班级里的同学无意间说起子乔爸爸妈妈离婚的事情，子乔心中压抑已久的负面情感突然爆发，他对着同学大打出手。妈妈被老师请来了学校，得知子乔的表现，妈妈感到非常伤心，既心疼子乔，也责备子乔。

妈妈问子乔："子乔，离婚不是耻辱，难道你要把每一名提起爸爸妈妈婚姻状况的人都彻底打垮吗？"子乔默不作声，看着沉默的子乔，妈妈更加崩溃："子乔，你又不说话，自从爸爸妈妈离婚，你连话都不愿意说。我告诉你，婚姻是我和爸爸的事情，只要可以保障你和以前一样的生活，我们有权利离婚，所以你也不要觉得全世界都欠着你的。"也许是因为被妈妈的话触动了，子乔忍不住反驳和哭诉："和以前一样的生活？你告诉我，生活哪里是和以前一样的？周末，还有爸爸陪着我打球吗？我生病的时候，还有爸爸陪伴在我身边吗？以前没有人笑话我的爸爸妈妈离婚，现在也没有吗？"妈妈被子乔一连串的问题问住了，不知道如何作答。半晌，妈妈才说："子乔，你如果想跟爸爸一起生活，妈妈可以同意。"子乔哭了："我想和爸爸妈妈一起生活，你们能同意吗？！"看到子乔母子争吵激烈，老师拉过子乔说："子乔，打架并不能真正解决问题。你长大了，应该尊重爸爸妈妈的选择，接受爸爸妈妈离婚这件事情，并且为他们祝福。你并没有失去他们，他们也一直在爱着你呀！"在老师的引导下，子乔渐渐意识到这个世界上有很多夫妻都因为彼此性格不合或者其他的一些原因而选择离婚，这没有什么大不了的，心中存在的对于爸爸妈妈离婚的阴影也渐渐地消散了。至此，子乔才算真正接受爸爸妈妈离婚的事实。以后，再有人提起爸爸妈妈离婚的事情时，子乔也不会感到反感或者无法接受了。

第十二章　发展积极情绪，让孩子的人生阳光璀璨

子乔其实一直都没有真正接受父母离婚的事实，正因为如此，他才会在同学提起这件事情的时候，不由分说就与同学大打出手。老师说得没错，打架并不能真正解决问题，子乔只有发自内心地接受父母离婚这件事实，才能解开心结。很多父母并未十分重视孩子的成长，甚至有些父母为了防止孩子吃亏，还会要求孩子在与同龄人相处时表现得更加强势。殊不知，过度强势或者有暴力倾向的孩子，很难与人相处得好，是因为他们不知道语言的魅力，也无法做到合理有效地运用语言。

任何时候，父母都要积极主动地帮助孩子成长，不但要满足孩子吃喝拉撒的生理需求，也要满足孩子的心理需求和情感需求。父母尤其需要注意的是，在教养孩子的过程中，不要因为孩子的语言表达能力弱就催促孩子，或者索性剥夺孩子表达的权利。更有性急的父母直接对孩子大打出手，而完全省略了对于犯错的孩子讲道理的过程。在这样的家庭环境中成长的孩子，也常常会以暴力为自己代言，更无法调整自己的思绪，做出合理的言行举止。我们应当培养青少年用语言与他人沟通的能力，让他们能够以理性而富有逻辑性的思维指导自己的行为。

适度幽默，应对别人的嘲笑

现在的孩子大多数都是被父母呵护着长大的，也得到了长辈无微不至的关爱和照顾，他们多数人尽管智商不低，情商却堪忧，而对于人生至关重要的逆商，很多孩子索性没有。正因为如此，如今的孩子才会在成长的过程中那么被动，一旦遇到小小的挫折和打击就马上沮丧、绝望，根本不知道如何应对。尤其是在遭受到他人的恶意嘲笑和伤害时，除了和他人歇斯底里地争吵或者大打出手之外，孩子们根本没有什么好办法应对。然而，打骂只是下下策，有的时候还会导致事情朝着更加糟糕的方向发展，而对于解决问题没有帮助，也不会起到积极的作用。

青少年往往情绪容易激动，行为容易冲动，所以在和别人发生矛盾的时候，就要保持冷静理性，才能卓有成效地解决问题，否则一旦任由情绪如同脱缰的野马，青少年就会陷入困境，也会因为情绪失控而导致失去理性，解决问题自然也就更加不可能实现。理性的青少年知道，要想解决问题，最重要的就是先控制好情绪。而对于情绪处于混乱状态的青少年，无异于自乱阵脚，还谈何战胜困难、解决问题呢？

乐乐正在读初中，非常敏感，常常陷入说者无意、听者有心的状态，因为别人一句无心的话就情绪低落消沉。为此，妈妈几次三番开导乐乐不要那么敏感，乐乐却总是听不进去，负面情绪

第十二章 发展积极情绪，让孩子的人生阳光璀璨

对于愤怒之中的他而言就像是一个旋涡，无法挣脱。

看到正面教育乐乐不成，妈妈就开始引导乐乐学习幽默，想提升乐乐的幽默能力，从而让乐乐在受到别人言语伤害的时候，能够从容应对。每天，妈妈都会给乐乐讲几个幽默的故事，为了营造幽默的家庭氛围，原本不苟言笑的妈妈还经常与爸爸开玩笑，就这样，家里总是充满欢声笑语，乐乐的情绪也变得越来越好。一天早晨，在送乐乐上学的路上，爸爸正在和乐乐沟通，因为几句话说得不对劲，爸爸就冲着乐乐说："不好好努力，将来长大了吃屎吗？"妈妈一听不由得紧张起来，因为乐乐以往最讨厌别人说他吃屎，一旦听到这两个字就会发怒。正在妈妈紧张的时候，乐乐突然笑着对爸爸说："爸爸，既然你要请我吃屎，那就吃最贵的屎呗。据说猫屎咖啡的味道不错，我很愿意来一杯。"听完这个回答，妈妈情不自禁地对着乐乐竖起大拇指。妈妈对乐乐说："听到这个回答，我觉得乐乐真的长大了，终于对吃屎不那么敏感了。"爸爸也盛赞乐乐："这个回答不但很巧妙，而且也不尴尬，还彰显出你宽容的气度，非常棒！"得到爸爸妈妈的一致盛赞，乐乐觉得很开心。后来，在爸爸妈妈的再三强调和培训下，乐乐的幽默能力越来越强，再遇到别人恶意嘲笑的时候，他也能够从容应对了。

每个青少年在成长的过程中，总会遇到一些别有用心的人的恶意激怒或者嘲笑。假如青少年不能从容应对，而是因为别人的寥寥数语就气愤异常，则无须别人将其打败，他们自己就把自己打败了。从这个角度而言，一个不能控制自身情绪的青少年，常常会被情绪击垮，实际上他们不是被他人战胜，而是被愤怒战胜。所以，明智的青少年要认识这个道理，也要

在与他人相处的过程中始终保持乐观精神，越是遭到他人的恶意攻击，就越是要微笑面对。

　　当然，积极乐观的心态并不是短时间内就能形成的，孩子的成长是一个漫长的过程，需要不断地引导。尤其是很多优秀品质的培养绝非简单的事情，父母必须在孩子的成长过程中给予更多的引导和帮助，才能激励孩子不断进步，也才能如同河蚌孕育珍珠一样，使孩子养成良好的品质。帮助孩子养成幽默风趣的品质，让孩子一生受益。

第十二章　发展积极情绪，让孩子的人生阳光璀璨

融入环境，从惧怕陌生人变成社交达人

青少年在面对陌生环境时，往往会感到紧张局促，尤其是性格内向的青少年，更容易因为环境的突然改变而变得不知所措。为何年幼的小朋友在融入环境的时候，总是能够自然和快速，而青少年在融入陌生环境的时候，反而困难重重呢？这是因为孩子在低龄阶段时，往往处于无我的状态，随着自我意识的发展，他们会把自身与环境以及其他人区别开来。

假如青少年也能有着与小朋友一样的心态，对于同龄人心无芥蒂，他们也能尽快融入团体之中。遗憾的是，太多的青少年对于陌生的环境都怀有警惕心理，对于陌生人也往往怀着隔阂感。由此可见，青少年要想融入同龄人团体，要先融入陌生的环境，再与他人相处，这样才能消除因为陌生带来的紧张感。

面对社交困境，青少年很容易产生情绪问题，尤其是当四顾茫然的时候，那种紧张无助的感觉几乎会让青少年崩溃。在这样的状态下，青少年的情绪问题当然会爆发，青少年的身心健康也会受到影响。青少年如果无论如何都无法摆脱情绪的影响，也就只好在建立和维护良好人际关系的基础上，保持心情愉悦，才能主宰情绪，同时拥有充实快乐的人生。

乐乐是个乐观开朗的孩子，人如其名，他不管在哪里都非常快乐。有一次，乐乐因阑尾炎入院手术，因为是微创手术，所以

乐乐在手术第二天就能下地走路。不甘寂寞的乐乐,每天输液之后,就会走到护士台和护士阿姨聊天,也和隔壁病房的孩子们玩耍。因为阅读量大,乐乐视野开阔,经常提问护士阿姨一些问题,还会与护士阿姨针对百科知识展开交流,为此护士阿姨们都称呼乐乐为老师。对于乐乐的表现,妈妈也觉得很骄傲。临出院之前,乐乐还专门去与护士阿姨们告别。

乐乐很快能融入环境,表现在他每到一个新的环境,都能很快与人搭讪,并且建立良好的关系。例如,暑假的时候,爸爸妈妈带着乐乐去旅游,到了宾馆,因为缺少被褥,乐乐就和前台的服务员阿姨聊天,阿姨很高兴地给了乐乐被褥,让爸爸妈妈很省心。又如,有一次妈妈带着乐乐去超市里购物,乐乐和导购员阿姨聊起来,导购员阿姨还给了乐乐一块糖品尝呢!能迅速融入环境的乐乐,拥有好人缘,是不折不扣的社交达人。

在这个事例中,乐乐之所以走到哪里都受人欢迎,其实是乐观外向的性格使然。他从来不抵触外部的陌生环境,反而带着对环境的新奇和友好开放的心态,成功地赢得了别人的信任。其实,人与人的关系总是相互的,一个人如果总是防备着他人,就会被他人防备;一个人如果总是热情对待他人,就会被他人热情对待。当然,这并不意味着要失去对人的警惕心理,必要的警惕心理还是要有的,这样才能合理保护自己。

为了让孩子接纳陌生的环境,父母可以在孩子小时候就有意识地引导孩子接触更多的陌生环境。孩子如果从心底里消除对于陌生环境的抗拒,他们就能更加成功快速地融入陌生环境。对于青少年而言,因为内心的敏感,也许他们不会对陌生环境完全敞开心扉,这没有关系,所谓路遥知马力,日久见人心,给他们更多的时间去观察周围的环境,也是不错的选择。有

第十二章 发展积极情绪，让孩子的人生阳光璀璨

些父母为了保护孩子，对陌生环境总是如临大敌，其实这么做很容易导致孩子戒备陌生环境，并使得孩子无法接纳陌生环境。明智的父母会适度提醒孩子警惕陌生环境，却不会要求孩子在陌生环境中完全把自己封闭起来。从辩证唯物主义的角度来看，凡事都有两面性，有利也有弊，只有更加积极主动地融入环境，才能从环境中得益，也唯有与环境保持一定的距离，才能保护好自己。这就要求青少年要审时度势，才能采取与时俱进的方式融入外部环境。

第十三章

避开情绪陷阱，快乐成长，不与任何人较劲

　　一个人如果不能主宰情绪，而是被情绪主宰，就会被情绪奴役。尤其是对于青春期少年而言，本身就容易情绪激动，更应该避开情绪的陷阱，从善如流地生活，才能在成长的过程中收获快乐。不与别人发生各种矛盾和争执，才能收获和谐友好的关系。

不固执，从善如流才能顺其自然

之所以叫作青春叛逆期，是因为青春期恰巧和叛逆期重合，在这个过程中青少年们常常会犯固执的错误。说得好听，固执是过度的坚持；说得难听，固执更像是不懂变通，哪怕明知道自己是错的，也绝不悔改。在这个世界上，没有谁能保证自己是绝对正确的，所以每个人都要从善如流、不固执，才能顺其自然做好很多事情。青少年正处于童年向青年过渡的时期，虽然有自己的思想和主见，对于很多事情也能够有板有眼地进行，但是他们的心智发育还不够成熟，而且因为人生经验的匮乏，他们常常自以为正确，实际上是错误的。

社会正处于日新月异的变化之中，发展速度非常快，堪称瞬息万变，让人应接不暇。现代社会的每个人，包括青少年在内，都要坚持与时俱进的原则，激励自己不断地成长，最大限度地打开心扉，迎接整个世界。一个人如果总是固步自封，就会陷入危机之中无法自拔，也会使得事情朝着更加糟糕的方向发展。所以，青少年不能固执，更不要和人生赌气、与自己较劲，否则，就会在与命运的较量中撞得头破血流，造成严重的后果。此外，青少年还要控制好情绪，理性面对人生，这样才能最大限度地激发出生命的力量，也才能为了成长而坚持不懈地努力。要知道，人生从来不是一场游戏，而是一场没有归途的旅程。很多时候，我们为了成长付出很多，却因为没有把握正确的方向而导致南辕北辙，其实最重要的在于坚持初心，

第十三章 避开情绪陷阱，快乐成长，不与任何人较劲

也在于与时俱进、从善如流。

刘薇是个很有个性的女孩，在成长的过程中，她始终得到爸爸妈妈的保护和照顾，从未吃过任何苦，更没有受到过任何伤害。这样一帆风顺长大的女孩，对于人生有太多的渴望和憧憬，而丝毫不曾意识到生活的艰难和坎坷。

到了高中阶段，原本很擅长文科的刘薇，因为与班级里的一名男同学谈恋爱，坚持要改学理科，想要争取和男孩考到同一所大学。当时正值高二，对于刘薇的这个决定，爸爸妈妈都表示强烈反对。妈妈苦口婆心地对刘薇说："刘薇，就算你谈恋爱，也不要因此就改变专业。你要知道，你所学的专业，决定了未来的工作，对于你的整个人生都有很大的影响，怎么能随随便便就改变呢？"刘薇对此不以为然，坚持说："我当然可以做到。我这么优秀，有什么是做不到的呢！而且，爱情是至高无上的，我愿意为了爱情付出。"面对刘薇的固执己见，爸爸妈妈磨破嘴皮子都没有用，只好顺从刘薇的意愿，对刘薇说："好吧，既然你坚持这么做那就这样做，希望你不要后悔。"

爸爸妈妈所说的后悔的日子很快就到来了。才升入高三，刘薇与那个男孩就分手了。此时，刘薇看到学习上的理科内容就很头疼，懊悔不已。她不得不选择重读高二，学回文科。平白无故耽误了一年的时间，刘薇很后悔，只好用加倍的学习来弥补流逝的光阴。

在这个事例中，如果刘薇当初能够采纳父母的建议，把恋爱和学业分开来，就不至于这么被动。常言道，不听老人言，吃亏在眼前，其实这句

话并非说青少年一定要听从父母或者长辈的建议，而是说父母和长辈的人生经验更加丰富，所以往往能给出中肯的建议。青少年一定要理性分析各种问题，不要因为一时冲动，就不假思索地对很多事情做出决定，而是要全方位考虑问题，这样才能把事情处理得更加完善。

当然，这个时代里没有横空出世的英雄，很多青少年怀揣着远大的梦想，总觉得自己的所思所想都是非常正确的，却完全忽略了现实的禁锢。其实，世界上从未有一蹴而就的成功，更没有不劳而获的午餐，每个人都应该脚踏实地、谦虚好学、端正心态、放松心情，找到人生最好的归宿。

第十三章　避开情绪陷阱，快乐成长，不与任何人较劲

世界是你心中折射的样子，看谁都应顺眼

有一位名人曾经说过，这个世界上并不缺少美，缺少的只是发现美的眼睛。的确，世界就是客观存在的一切折射在人们眼中和心中的样子，一个人要想让这个世界更加美好，首先要调整好自己的心态，才能让世界看起来如同自己所期望的那样美好。

现在大多数家庭都只有一个孩子，孩子在父母的呵护和长辈的宠爱中成长，如同温室里的花朵，从未经历过任何风雨。然而，随着孩子的渐渐成长，他们必然要走出家庭、进入社会，与更多的人相处，经历更多的事情。如果此前父母把孩子保护得太好，孩子未免会内心脆弱，也会因为看不惯世界上的很多事情而心力交瘁。其实作为父母，不但要给予孩子无微不至的照顾，更要给予孩子更多的心灵关注，从而保证孩子健康快乐地成长。父母尤其要教孩子学会接纳，因为唯有接纳一切理所当然的存在，孩子的心胸才会开阔。有的时候遇到不如意的事情，青少年也要调整心态去接受，这样才能发自内心地平静。

作为青少年，要明白一个道理，即如果我们讨厌一个人，未必是对方的错。只要对方不是刻意伤害我们，而是呈现他（她）本来的样子，那么对方就没有错。所以，当我们讨厌一个人时，先要反思自身，确认自己是否因为内心的偏好，或者对于他人的偏见，才总是厌恶他人。如果是，那么我们首先要调整心态，让自己心平气和，才能以友好的眼光看待他人，

和谐融洽地与他人相处。

　　刘薇是个性格很特别的女孩，有主见、特立独行，在班级里决不人云亦云，也不会因为任何人的态度和意见而轻易改变自己。自从升入高三之后，班级里转入一个插班生，不知道为何，刘薇特别讨厌这个插班生。插班生是个女孩，也长得很漂亮，而且身材窈窕、皮肤白皙，最重要的是学习成绩特别好。因为这个女孩的到来，曾经稳坐"班花"宝座的刘薇，地位岌岌可危，甚至有很多同学私下里说刘薇没有这个女孩漂亮。为此，刘薇心里愤愤不平。

　　一个周六正在补课，女孩有个问题不会，特意请教刘薇。刘薇爱搭不理地说："哎哟，你也来请教我，这可让我太受宠若惊了。你没见班级里那么多同学都特别崇拜你吗？连我都快要拜倒在你的石榴裙下了！"女孩有些羞涩，说："刘薇，你说什么呢，班里最优秀的就是你，坦白说，转学来这个班级之后，我见到你还有些害怕呢，你是那么完美，就像一个女神一样的高高在上。"听到这句话，刘薇心中不由得暗自得意："这个优秀的女孩居然把我看得这么高。"为此，刘薇语气上也缓和了下来，耐心地讲解题目给女孩听。中午，女孩非要请刘薇吃饭，在攀谈之中，刘薇渐渐地喜欢上了这个女孩，这才意识到原来自己对于女孩的讨厌，只是来自心底的敌意，而与女孩没有关系。从此，这两个同样优秀和美丽的女孩成为好朋友，在学习上互相帮助、携手并进，双双考入名牌大学。

　　刘薇之所以厌恶女孩，是因为女孩激发起她的敌意，导致她敌视女孩。

第十三章 避开情绪陷阱，快乐成长，不与任何人较劲

幸好女孩非常聪明，借助请教的机会和刘薇搭话，并且还请刘薇吃饭，从而创造与刘薇沟通的机会，促进了解。果然，她们都是同类人，如此不但消除隔阂，而且成了很好的朋友。

如果一个人的心中有着难以消融的坚冰，那么他看这个世界的时候，也会感觉到阴冷的气息扑面而来；如果一个人的心中始终洒满温暖的阳光，那么他看这个世界的时候，就会感觉到世界的温暖和明媚。所以，青春期的男孩与女孩都要控制好情绪，让自己的内心充满阳光，这样才能在与他人相处的过程中保持积极进取的姿态，也才能在成长的过程中不断提升和完善自己，最终建立和维护良好的人际关系。记住，要驱散心中的阴霾，让阳光透进来，只有这样我们看到的世界才是明媚美好的。

死要面子活受罪，伤害的只能是自己

青少年正处于人生的特殊阶段，不但身心快速发展，情绪也因为荷尔蒙的大量分泌而变得起伏不定。青少年的自尊心特别强烈，这个阶段的他们渴望得到他人的尊重和认可，也希望创造自身的价值，证明自己的实力。为此，很多青少年都表现出死要面子活受罪的特点，导致在成长的过程中常常为了维护所谓的尊严和面子而陷入被动的状态。

当然，中国人本来就爱面子，不仅青少年如此，很多成年人也被面子问题禁锢，无法在很多事情上放开手脚做自己。通常，人们以为男性更爱面子，其实女性也是很爱面子的。尤其是很多青春期女孩，更是把面子问题看得非常重要。实际上，每个人都是生命的主体，都最了解自己的感受，何必要为了别人的一句评价，就随随便便牺牲自己的个人利益，而迎合别人的评判标准呢？道理虽然是这么说，依然有很多青春期女孩为了面子问题做出伤害自己的事情。可是，如果连里子都没有了，还要面子做什么呢？

记得在《平凡的世界》里，面临毕业，同学们都互相赠送纪念品，郝红梅因为家境贫困，没有足够的钱买纪念品送给同学，居然在供销社里萌生出偷手绢的想法，并且真的付诸行动。正是这件事情彻底改变了郝红梅的一生，让郝红梅在接下来的岁月里始终背负着偷窃的罪名。有人说郝红梅是为了给同学送纪念品才这么做，其实深层次的原因是，郝红梅为了维

第十三章 避开情绪陷阱，快乐成长，不与任何人较劲

护自己的面子。当她收到其他同学的纪念品时，她不能忍受自己没有回赠，为此才会铤而走险，做出让自己后悔不已的事情。现实生活中，也有很多青少年会因为面子问题做出伤害自己的事情，其实这是完全不值得提倡的，也是非常错误的。没有人是无所不能的神，尤其是在残酷的社会现实面前。人要学会示弱，可以在自身能力不足的情况下求助于人，而不要打肿脸充胖子，连里子都没有了，还非要谈面子，这是非常糟糕的。

作为一个倔强的女孩，刘薇在遇到很多事情的时候都不愿意示弱，哪怕能力不足也会勉为其难去做。例如，她在第一次读高二的时候，因为恋爱而改学理科，就是很好的例子。后来重读高二，刘薇遇到了很大的困难，尤其是班级里的很多同学知道刘薇重读高二的原因，都七嘴八舌地议论纷纷。

有一次，老师布置了一个难度很大的任务，希望有同学可以读完《红楼梦》之后写一篇论文。全班同学都不愿意接下这个任务，唯独刘薇站起来，对老师说："老师，我可以的！"老师当然很高兴，对刘薇说："学习任务重，你也许没有那么多时间，老师可以给你指定几个助手由你调配。"刘薇当即拒绝："没关系，我自己就可以。"于是，在两个月时间里，刘薇除了正常的学习之外，一直在与巨著《红楼梦》打交道。最终，刘薇顺利读完了《红楼梦》，也查阅了很多资料，却在论文写到一半的时候，因为过度疲劳而引发低血糖，昏倒住院。看到刘薇这么辛苦，老师也很懊悔："早知道这样我应该坚持给刘薇配备几个助手就好了！"父母很清楚刘薇的本性，安慰老师："老师，您也不要自责了，这个丫头就是很爱面子，也特别倔强，肯定不会接受您的好意。"老师这才释然，嘱咐刘薇好好休息，等到身体康复了再继续完成论文。

在这个事例中,刘薇就是典型的死要面子活受罪。高中的学业原本就很紧张,而《红楼梦》又是一部巨著,必须花费很长的时间才能看完、看透。为此,老师才提出为刘薇配备几个助手的建议,却被刘薇拒绝了。后来,刘薇凭着自己的能力,除了正常学习之余,坚持阅读《红楼梦》,查阅相关资料,最终把论文推进到关键阶段。正当此时,她却因为体力透支而引发低血糖。要是她能做到劳逸结合,便不会发生这样的事情。

从心理学的角度而言,死要面子也是一种情绪引发的行为表现,是因为青少年内心紧张局促,对自己缺乏信心,导致他们在成长的过程中过度关注别人的评价,希望自己可以符合所有人的期望和要求。不得不说,这是根本不可能的。一个人,即使再怎么努力,也不可能令所有人满意。对于青少年而言,关键在于坦然地做自己,而不是改变自己以迎合他人。当面对艰巨的学习任务时,如果觉得自身力量不足,可以求助于他人,而不要总是死鸭子嘴硬,坚信自己可以做到最好。与其这样硬撑着,不如调整心态、端正态度、积极求助,反而能让事情取得更好的结果。

第十三章　避开情绪陷阱，快乐成长，不与任何人较劲

不抱怨，让人生云淡风轻

造物主为何让每个人都长了两只耳朵，而只长了一张嘴巴呢？就是在告诉人们要少说多听，多用耳朵、少用嘴巴，因为祸从口出，言多必失。实际上，造物主还有一个用意，那就是让人们一定要少抱怨，多用眼睛欣赏、用心感悟。遗憾的是，很多人都把造物主的意思领会错了，总觉得既然长了一张嘴巴，就一定要让嘴巴物尽其用，所以他们不但经常口无遮拦地说话，还会抓住一切机会抱怨，几乎从未有让嘴巴闲下来的时候。

人为什么爱抱怨呢？是因为对现实的生活不满意，是因为他们觉得自己始终被亏欠，没有得到足够的回报。不得不说，心态不端正，是人爱抱怨的根本原因。作为青少年，人生的画卷才刚刚展开，一定不要因为抱怨而蒙蔽自己的心智，导致无法领会人生的魅力。当然，不抱怨绝不是只管住自己的嘴巴这么简单容易的事情，要想彻底戒掉抱怨，首先要拥有一颗满足的心，而不要总是不满足。抱怨就像是乌云，不但导致听到的人被乌云遮蔽，抱怨者自身内心深处也总是无法释然。所以，抱怨是一把"双刃剑"，既伤害了别人，也伤害了自己。

艾瑞从小就没有爸爸，和妈妈相依为命长大。为了弥补艾瑞没有父爱，妈妈总是对艾瑞百般照顾和呵护，从来不让艾瑞吃一

点点苦头。渐渐地,艾瑞非但不感恩妈妈照顾她、抚育她成长,反而对妈妈有很多抱怨。例如,学校里召开运动会,妈妈专门请假去参加,艾瑞却抱怨妈妈:"妈妈,为何别人家的孩子都有爸爸参加运动会,我却只有你呢?"妈妈无言以对,只好安慰艾瑞:"艾瑞,你虽然没有爸爸参加,但是妈妈会一直坚定不移地站在你的身后支持你。"但是,艾瑞并不想让别人知道她没有爸爸。在运动会结束后不久,学校里召开家长会,艾瑞瞒着妈妈找舅舅来参加家长会。妈妈得知后很伤心,艾瑞情绪也很激动:"其他女孩都有爸爸陪伴着,我不想让人因为我没有爸爸就瞧不起我、故意欺负我,我只想要爸爸。"妈妈看到艾瑞已经十几岁了,非但没有变得懂事,还变得很难缠,真的很伤心。

此后的日子里,艾瑞常常因为爸爸的问题质问妈妈。在不停的抱怨中,艾瑞自身的情绪也变得很恶劣,因为无休止的抱怨,她甚至患上轻度抑郁症。

抱怨对于解决问题有什么好处呢?抱怨非但不能解决问题,还会因为负面情绪的累积导致事情更加恶化。尤其是对于青春期女孩而言,一定要拥有良好的情绪,而不要让自己陷入抱怨之中无法自拔,否则只会给人生带来阴霾。

每一个孩子都要经历漫长的过程才能成长,而在成长过程中,他们必然会遭受各种挫折和打击。青少年正处于青春叛逆期,往往会因为小小的磨难就陷入沮丧和失落之中,会因为一些打击就变得颓废沮丧、一蹶不振。所以,很多父母总是全方位、无微不至地照顾孩子,实际上这并非好事,而是会导致孩子在温室中长大,从来没有经历过任何风雨,缺乏承受能力

第十三章　避开情绪陷阱，快乐成长，不与任何人较劲

和抗压能力。实际上，明智的父母会适当地对孩子施加压力，给孩子机会承受磨难，唯有如此，孩子才能更加积极主动地面对成长，也才能在接受磨难的过程中，让自己变得更加坚强勇敢、无所畏惧。

事事不能都顺心如意，依然要快乐接受

常言道，人生不如意之事十之八九，对于每个人而言，人生都不可能是一帆风顺、顺遂如意的。面对不如意，大多数青少年都会怨声载道，却不知道不如意是人生的常态。因此，要摆正心态，快乐接受不如意，才能在成长的过程中真正成长。

从解决问题的角度而言，一味地抱怨非但不能真正解决问题，反而会因为怨声载道，导致事情朝着更加糟糕的方向发展。尤其是与人相处的过程中，因为每个人都是独立的生命个体，脾气秉性各不相同，而且对于人生的理解也存在很多差异和冲突，所以更是要相互理解和包容，才能保证人际关系朝着好的方向发展。否则彼此互相埋怨，只会导致事情不断地恶化，最终事与愿违。所以，青少年要学会接纳人生的不如意，摆正心态接纳任何可能的结果，这样才能做到内心平静、从容淡然。

因为中考发挥失常，默默没有考上心仪的重点高中。原本，默默想复读一年继续考，妈妈劝说默默："默默，生命中总会有各种各样的不如意，也许这次是因为考试的时候没有正常发挥，未来就有可能因为其他的原因还与心仪的高中失之交臂。所以你要学会接受，而且也未必进入重点高中才能考取大学，说不定你进入普通高中，因为当了'鸡头'，反而更容易得到老师的关注

第十三章　避开情绪陷阱，快乐成长，不与任何人较劲

和重视呢！另外，如今的就业形势瞬息万变，宁早毋晚，说不定晚了一年，到时候再赶上高考改革，那就更加麻烦。"思来想去，默默觉得妈妈说的也有道理，于是采纳了妈妈的建议，升入普通高中。经过三年的努力，默默果然考上不错的大学。

默默的同学莉莉就没有那么好运气了，当年莉莉也因为一时疏忽没有能考入心仪的高中，她选择复读，却赶上高考改革，结果再次落榜。为此，她不得不再次复读，第二年因为高三课程变动较大，又吃了大亏，只考取了大专。看着莉莉的经历，默默暗自庆幸当初听了妈妈的话，才不致那么被动。

每个人都希望自己学业顺利、生活顺遂，遗憾的是，很少有人能够真正达成心愿，这是因为大多数人在生命的历程中都会遭遇各种各样的困境，也会因为各种各样的原因而导致事与愿违。其实事例中默默的妈妈说得很对，整个时代都瞬息万变，与其被动地等待，不如积极主动地迎上前去，这样反而能够占据主动，也因为抢占先机而为自己赢得更大的空间。

每个人都是生命的主宰，在无法改变外界的情况下，就要拼尽全力改变自己。就像人们常说的，不能改变外界的一切，就改变自己的内心，这样才能做到"心若改变，世界也随之改变"。总而言之，每个人都要调整好心态，才能最大限度地接纳这个世界，也接纳自己。人生从来不是以某个人的意志为转移的，即使是造物主，也无法改变大自然存在的规律。青少年一定要敞开怀抱接纳未来、创造人生，只有拼尽全力，才能拥有属于自己的充实美好的人生。

悦纳自己，才能让人生水到渠成

现实生活中，有的人抱着随遇而安的态度，有的人却苛求完美，恨不得在每件事情上都表现突出、出类拔萃。然而，当一个人过度追求完美的时候，就无法真正接纳自己，因为这个世界上没有真正完美的人存在。换个角度来看，一个人如果连自己都不能接受，那么还如何接纳整个世界呢？所以，面对人生，我们一定要做到不急不缓、不慌张、不焦躁，从而真正适应成长的节奏，创造人生的奇迹。

很多青少年正处于从童年过渡到成年的关键时期，心智快速发育，却还没有达到成熟的程度，人生经验也相对匮乏，因而对于人生往往有着很多不切实际的渴望和梦想。如果以恋爱的节奏来形容人生，那么青少年正处于对人生的初恋阶段，看人生就像雾里看花，并不那么真切，同时也充满无尽的憧憬；随着能力渐渐增长，进入青年阶段，年轻人对于人生像进入热恋阶段；只有真正成家立业，人生步入踏踏实实的婚姻阶段，才能实现从虚无缥缈到脚踏实地。

一个过于追求完美的人，对自己也会非常苛刻和吹毛求疵。他们不允许自己有任何不完美，在做事情的时候也务求尽善尽美。正是这样的心态，导致青少年在面对人生中很多事情的时候都无法摆正心态，很容易陷入急躁的状态之中无法自拔。

第十三章 避开情绪陷阱,快乐成长,不与任何人较劲

若雨是一个特别追求完美的女孩,对于完美的过度追求,甚至让她陷入被动的局面。为了追求完美,她总是毫不留情地推翻自己所做的一切,又因为做事反复地从头再来,导致她心力交瘁。

初中阶段,对于作文的要求提高了很多,若雨又追求完美,所以文采斐然的她尽管很喜欢上作文课,却也常常因为作文多有烦恼。原来,若雨要求自己的作文本必须没有任何错别字和改动,哪怕错一个标点,追求完美的她也会撕掉整页作文纸,重新开始誊抄。这样一来,尽管若雨写作文很顺利,抄写作文的时候却总是反复出错。有段时间,若雨的作文本甚至就剩下薄薄的几页。

若雨不但做事情追求完美,对于自己也有诸多的不满意,例如她总是觉得自己太胖,也嫌弃自己太矮。为此,她每天都喝牛奶以促进长高,同时节制饮食,减轻体重。有段时间,因为减重不讲究方式方法,只追求效果,若雨还患了上严重的厌食症,导致身体状况非常糟糕。对于若雨的表现,妈妈很伤心,对若雨说:"身体发肤,受之父母,你为何要这么苛责自己呢?"在医院体检时,好几项指标都不正常,才算给若雨敲响警钟。若雨意识到了问题的严重性,再也不敢随便减肥了。

现实生活中,青少年接触到很多信息,因而也会产生各种各样的想法。但是,任何想法都没有必要让青少年对自己过度苛刻。首先,当青少年对自己要求过高,容易导致内心受挫,产生消极悲观的想法;其次,只有真正接纳自己,才能接纳这个世界,所以青少年与世界相融合的根本方法,就是接纳自己;再次,人生不如意之事十之八九,很多时候并非努力就能改变一切,更重要的在于青少年既要拼尽全力去争取想要的结果,也要学会随遇而安、顺其自然;最后,青少年要提升抗挫折和抗压力的能力,毕

竟每个人都有可能遭遇失败,而真正的强者,即使面对失败也能做到坚定不移地去努力,做到全心全意相信自己,全力以赴奔向目标。

常言道,金无足赤,人无完人。每个人呱呱坠地来到这个世界上,就要接受很多的坎坷、挫折和磨难,才能渐渐成长。既然世界就是不完美的,我们每个人当然也不要苛求自己完美。否则,过于追求完美的心就会成为人生的重负,就会导致自身为完美所累,反而在很多方面表现得更加被动局促,也无法实现预期的目标。

第十三章 避开情绪陷阱，快乐成长，不与任何人较劲

宽容的心，让这个世界变得更加可爱

俗话说，退一步海阔天空，那么进一步是什么呢？进一步的结果不可预知，也许因为对他人步步紧逼，非但无法达到预期的效果，反而会使得一切事情都朝着相反的方向发展，最终导致事与愿违。对于这个世界，有些人觉得很满意，认为整个世界都是非常美妙的；有的人却总是怨声载道，甚至觉得命运太不公平，对于自己过分刻薄。实际上，命运对于每个人都是公平的，当给一个人关上一扇门的同时还会给他打开一扇窗。所以，当觉得内心愤愤不平的时候，最重要的是调整好心态，努力接纳世界本来的面貌，做到从容坦然，对这个世界充满感恩。

宽容，不但是人拥有博大胸怀的表现，也是人所具有的优秀的品质。宽容的人，宰相肚里能撑船；心思狭隘的人，则心眼比针尖还小，即使遇到小小的不愉快也始终耿耿于怀，不能释然。宽容的人具有独特的魅力，在人际交往中如同一泓清泉，给身边的人都带来美好的感受。所以，宽容的人不但自己内心向上、拥有正能量，还给身边的人带来更多的正力量。当然，宽容的品质并非与生俱来的，而是在后天的成长过程中渐渐形成的。

一直以来，人们都误以为女孩心思狭隘，不够宽容，其实女孩也可以做到内心开阔、品质高尚，尤其是对于很多不值得计较的事情，都可一笑置之。也有些女孩之所以不够宽容，是因为她们内心敏感导致多疑，例如，当对于自己的身材相貌不够自信时，女孩很容易疑心重重，为了改变心态，

女孩应该自信、坦然自处，这样才能在宽容的状态之中成就最美好的自己。

在西方国家，曾经有权威杂志进行调研，发现那些有所成就的成功女性，最与众不同之处就在于她们心怀宽容，从来不因为无所谓的小事情而斤斤计较。对于这些女性而言，她们可以没有美丽的妆容、时尚的服装，也可以没有很高的学历，但是她们一定拥有自信。自信是面凹凸镜，放大了女性的优点和长处，缩小了女性的缺点和短处，正因为如此，女性才会更加相信自己，也更愿意发挥自身的优势，让自己变得更加强大起来。

有一次，若雨和好朋友夏梦之间有了一些误会，为此，原本总是一起上学和放学的夏梦，有好几天都没有和若雨一起走。看到夏梦和其他女生有说有笑地一起离开，若雨心中暗暗思忖："可恶的夏梦，一定把我曾经告诉她的小秘密都告诉其他女生了。"若雨心中更加记恨夏梦。

很久之后，若雨和夏梦才和好，若雨当即质问夏梦："夏梦，你在不和我一起玩的时候，有没有把我的小秘密告诉别人？"夏梦摇摇头，若雨还是不相信："你之前一直在生我的气，一定把我的秘密都说出去了。"夏梦保证没有，若雨这才半信半疑。之后，若雨和夏梦之间总是隔着些什么，再也回不到从前那么亲密无间的状态了。

对于夏梦，也许和好就是和好，但是疑心病重、不够宽容的若雨，却没有把曾经的过往翻篇。若雨质问夏梦，使得夏梦与若雨之间的关系有隔阂，无法再像从前那样亲密无间。实际上，对于若雨而言，事情过去就过去了，一个人没有办法完全控制另一个人的言行举止，更不可能左右另一个人的思想和意识，既然如此，为何还要对另一个人不停地追问呢？

第十三章　避开情绪陷阱，快乐成长，不与任何人较劲

作为青春期女孩，一定要放宽心，因为忧思过重不但会影响人际关系，对于自身的情绪也会产生负面的影响。作为女孩，要更加自信，相信自己是坦荡的，无事不可对人言，自然也就不会担心被朋友出卖。明智的女孩会提升自己的自信，也会让自己在人生的道路上心怀坦荡地前行！

后 记

提起青春期，很多父母都觉得心有余悸，尤其是当孩子的青春期撞上父母的更年期，更是让家庭生活面临严峻的考验。其实，只要处理好青春期孩子的情绪问题，父母也控制好情绪，很多事情就能在可控范围内得到良性发展和运转。

人是情感动物，每个人都有感情，也会因为感情的丰富和微妙而产生各种各样的情绪。作为父母，不但要了解自身的情绪，更要了解青少年的情绪，才能做到有所准备地陪伴孩子一起度过青春期。很多父母误以为只要照顾好孩子的吃喝拉撒即可，其实不然。随着孩子的渐渐长大，吃喝拉撒等基本生理需求的满足已经不足以保证孩子健康成长，父母还要关注孩子的心理健康、情绪健康，才能保证孩子身心健康、情绪愉悦地成长。

正如一位名人所说的，每个人最大的敌人就是自己，这并不是因为人们多么热衷于与自己为敌，而是因为很少有人能够完全掌控自身的情绪。如果说青春期的孩子是一颗活力无限的小行星，那么带着负面情绪的青春期少年则是一个燃烧着的活力无限的小行星。诸如愤怒等极端的情绪，都会产生力量，这也就意味着青少年在情绪复杂和冲动的状态中，时常会做出失控的事情。当然，当青春期撞上更年期，无异于小行星撞击地球，所带来的后果一定是非常严重的。父母作为亲子关系的引导者，不能任由亲子关系朝着恶劣的方向发展，而应该学会引导和疏通青少年的各种情绪，

后 记

维持和谐融洽的亲子关系，这样一来，家庭教育才能事半功倍，也才能对青少年的身心发展起到积极的推动作用。

情绪的管理，不但有利于亲子关系，也有利于孩子在学校里与同学和老师建立友好的关系。当孩子喜欢上某门学科的老师，对于该学科的学习就会产生强劲的动力，可谓一举两得。当然，在引导和帮助孩子处理情绪问题时，父母还需要注意，不要以压制的方式对待青春期孩子的情绪问题，否则青春期孩子有主见、自尊心强，难免会因为这种不恰当的方式排斥和抗拒父母的管教。众所周知，大禹治水三过家门而不入，历经很长时间也没有把水患治理好，就是因为采取堵的方式。后来，大禹采取疏通和分流的方式治理水患，果然让水患问题迎刃而解。对于青少年的情绪问题，父母也要采取疏通的方式加以引导，而不要一味地堵塞和压制，否则只会招致青少年更加激烈的反抗。

在父母耐心的引导下，等到孩子形成自律的习惯，能够控制和管理好自身的情绪，他们也就真正地实现了独立，也可以做到对自己的人生负责。